陈 静 编著

手把手教你学成
PPT 高手

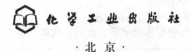

化学工业出版社

·北京·

本书以独立实例的编写方式，针对典型职业活动和生活需要，通过循序渐进、由浅到深、由易到难、由简到繁，手把手教你成为 PPT 高手。

本书精选工作或生活中的典型实例，例如设计制作电子相册、动态贺卡、产品介绍、课程培训稿等内容，通过做中学、做中练，一步步引领学习者学会操作，学会有效地使用软件，全面提升计算机基本操作、办公应用等方面的综合技能。

本书从每个具体的实例入手，图文并茂、详细讲解完成任务的前期分析、技术准备、工具的使用、设计制作思路、工作过程等，在工作过程中介绍完成任务的工作流程、操作方法、注意事项和操作技巧，任务完成后进行归纳总结、评价反馈，提升学习者处理其他同类文档的工作能力，积累工作经验，养成良好的工作习惯；每个任务后面的"拓展实训"都有案例，帮助学习者开阔思维、学以致用，提升应用和创新能力，可望成为 PPT 高手，快速、高效、高品质地完成各项工作。

本书以演示文稿软件 Microsoft PowerPoint 2010 为应用平台，所有操作在 PowerPoint 2010 环境下完成，同样适用于 PowerPoint 2013 和 PowerPoint 2016。本书有与内容配套的数字化资源，包括电子素材、作品源文，还有实训案例库，更多赠送的案例、源文和素材，可登录化学工业出版社教学资源网（www.cipedu.com.cn）注册后免费获取。

本书可满足不同用户对办公软件的学习、提高需求，还是自学人员的参考用书以及办公人员的操作指南和指导手册。

图书在版编目（CIP）数据

手把手教你学成 PPT 高手/陈静编著. —北京：化学工业
出版社，2018.1（2020.2重印）
ISBN 978-7-122-31114-6

Ⅰ.①手… Ⅱ.①陈… Ⅲ.①图形软件

Ⅳ.①TP391.412

中国版本图书馆 CIP 数据核字（2017）第 297946 号

责任编辑：王文峡 　　　　　　　　　　文字编辑：李　瑾
责任校对：王　静 　　　　　　　　　　装帧设计：刘丽华

出版发行：化学工业出版社（北京市东城区青年湖南街 13 号　邮政编码 100011）
印　　刷：北京京华铭诚工贸有限公司
装　　订：三河市振勇印装有限公司
850mm×1168mm　1/32　印张 6¾　字数 178 千字
2020 年 2 月北京第 1 版第 3 次印刷

购书咨询：010-64518888 　　　　　　　售后服务：010-64518899
网　　址：http://www.cip.com.cn
凡购买本书，如有缺损质量问题，本社销售中心负责调换。

定　　价：29.00 元

前言
FOREWORD

也许你经常用 PowerPoint 做各种报告、展示、讲解……当你为每次都要做出不一样效果的 PPT 演示稿而发愁时，困扰你的是排版、图表、模版、动画、配色、多媒体，还是视觉冲击、逻辑关系？

能做拿得出手的 PPT，已成为职场人脱颖而出的利器。做好一个 PPT 演示稿，绝不是简单会使用软件、会操作技巧，更重要的是突破固有的思维模式，提高美感，提升逻辑。

本书以独立任务的编写方式，针对典型职业活动和生活需要，从问题出发，将 PowerPoint 的专业讲解融入到工作过程中；从工具到技能，从技能到思维，通过循序渐进、由浅到深、由易到难、由简到繁，手把手教你将 PowerPoint 用得游刃有余。

本书以演示文稿软件 Microsoft PowerPoint 2010 为应用平台，所有操作在 PowerPoint 2010 环境下完成，同样适用于 PowerPoint 2013 和 PowerPoint 2016。

本书精选实际工作或生活中的典型实例，例如设计制作电子相册、动态贺卡、产品介绍、课程培训稿等内容，通过做中学、做中练，一步步引领学习者学会操作，学会有效地使用软件，全面提升制作 PPT 的综合技能。

本书从每个具体的实例入手，文字轻松，图解丰富，详细讲解完成任务的前期分析、技术准备、工具的使用、设计制作思路、工作过程等，在工作过程中介绍完成任务的工作流程、操作方法、注意事项和操作技巧，任务完成后进行归纳总结、评价反馈，提升学习者处理其他同类演示稿的工作能力，积累工作经验，养成良好的工作习惯；每个实例后面的"拓展实训"都有案例，帮助学习者开阔思维、学以致用，提升应用和创新能力，从而快速、高效、高品质地完成各项工作。要想成为真正的 PPT 高手，需要长期不懈的学习。

本书以人为本进行设计，结构严谨，思路清晰，文字流畅，语言精练，版面新颖、时尚，图文并茂，详略得当，可读性、可视化、实用性强，看得懂、学得会，易学易用；满足不同用户对办公软件的学习、提高需求，还是自学人员的参考用书以及办公人员的操作指南和指导手册。

本书有与内容配套的数字化资源，包括电子素材、作品源文件，还有丰富的实训案例库，赠送更多的案例、源文件和素材，供学习者学习和使用，可登录化学工业出版社教学资源网 www.cipedu.com.cn,选择课件下载项，注册后查询本书即可免费下载。

本书由陈静执笔，在编写过程中冠馨月、陈中华、陈莉、王立新、李俊、张红革、张家豪、张卫东给予了很多帮助，并得到了化学工业出版社及昌平职业学校领导郑艳秋、赵东升、贾光宏、吴亚芹、蒋秀英、张岚、刘春跃和同事吴骁军、魏军、刘鑫、赵小平、王京京、夏丽、王艳、方荣卫、崔雪、姚希、雷涛、徐冬妹、郝薇、郭婷婷、李向荣、贾志、陆川、王秀红、马杰、陈芳的支持与协助，在此一并表示感谢。

本书力求严谨，但由于笔者水平所限、时间仓促，书中难免有疏漏和不足之处，敬请广大读者提出宝贵意见，以便不断改进并使之更加完善。

编著者

2017 年 11 月

目录
CONTENTS

认识演示文稿软件 PowerPoint 2010 ···························· 1

任务 1 设计制作电子相册 ································· 11

任务 2 设计制作动态贺卡 ································· 46

任务 3 设计制作 MV ···································· 85

任务 4 设计制作活动演示稿 ····························· 107

任务 5 设计制作产品介绍 ································ 133

任务 6 设计制作课程培训稿 ····························· 157

任务 7 设计制作总结汇报稿 ····························· 183

参考文献 ··· 204

认识演示文稿软件 PowerPoint 2010

 知识目标

1. 启动演示文稿软件 PowerPoint 2010 的方法；
2. PowerPoint 操作界面的组成部分名称、位置、功能、使用方法；
3. 自定义快速访问工具栏的方法；
4. 设置 PowerPoint 选项的方法。

能力目标

1. 能快速启动演示文稿软件 PowerPoint 2010；
2. 能识别 PowerPoint 操作界面的组成部分及功能；
3. 能自定义快速访问工具栏；
4. 能设置 PowerPoint 选项。

学习重点

1. PowerPoint 2010 操作界面的工作区、状态区组成部分及使用方法；
2. 设置 PowerPoint 选项的方法。

Microsoft Office 是微软公司推出的风靡全球的办公软件，它的界面简洁明快；每个新版本都增加了很多新功能，使用户能更加方便地完成操作。

本书主要介绍 Office 2010 中的演示文稿组件：PowerPoint 2010，它们的图标是 ；文件扩展名为"*.pptx"。

PowerPoint 2010 是微软公司推出的目前最流行的、专业制作、播

1

放演示文稿的多媒体软件，能够制作集文字、图形、图像、声音、动画以及视频剪辑等多种媒体元素于一体的演示文稿，是普遍使用的多媒体合成软件。

PowerPoint 可以把自己所要表达的各种信息组织在一组图文并茂的画面中，用于设计制作专家报告、教育教学、产品演示、公司宣传、职业培训等的幻灯片，制作的演示文稿可以通过计算机屏幕或投影机播放，也可以将演示文稿打印出来，或制作成胶片，以便应用到更广泛的领域中。

快速启动演示文稿软件 PowerPoint 2010，认识 PowerPoint 2010 操作界面的组成部分及功能，认识 PowerPoint 工作区组成部分的名称、功能和特点，根据需要设置 PowerPoint 选项。

完成任务

一、启动演示文稿软件 PowerPoint 2010

◆ **操作方法**｜ 单击"开始"→"所有程序"→"Microsoft Office"→"Microsoft PowerPoint 2010"，可启动 PowerPoint 2010，如图 0-1 所示。PowerPoint 2010 程序图标为。

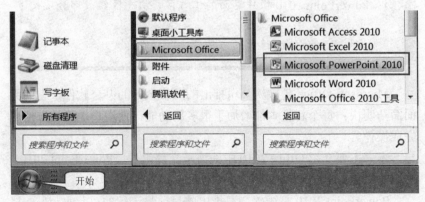

图 0-1　从"开始"菜单"所有程序"中启动 PowerPoint 2010

或者，单击"开始"，在菜单中选择快捷方式" Microsoft PowerPoint 2010"，如图 0-2 所示。

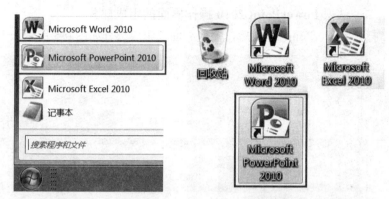

图 0-2 在"开始"中选择快捷方式　　图 0-3 双击桌面的 PPT 图标启动
启动 PowerPoint 2010　　　　　　　　　PowerPoint 2010

◆ **操作方法 2**　双击桌面上的 PPT 快捷方式图标，启动 PowerPoint 2010，如图 0-3 所示。

◆ **操作方法 3**　双击文件夹中的 PPT 文件图标，启动 PowerPoint 2010 程序，如图 0-4 所示。

PowerPoint 2010 文件的图标为 ，文件扩展名为"*.pptx"。

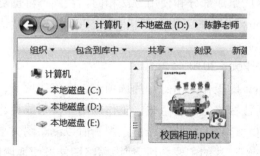

图 0-4　双击 PPT 文件图标启动 PowerPoint 2010

启动 PowerPoint 2010 的方法很多，熟练操作、掌握要领后，根据

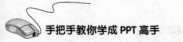

不同的需要以最简便的方式、最快的速度打开软件，将会节省时间，提高工作效率。

二、认识 PowerPoint 2010 操作界面的组成部分

打开 PowerPoint 2010 后，操作界面及组成部分如图 0-5 所示。

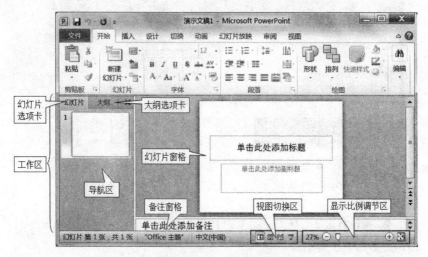

图 0-5　PowerPoint 2010 操作界面及组成部分

PowerPoint 2010 的操作界面与 Word 2010 的操作界面很相似，标题区、功能区的组成部分和使用方法相同，在此不再重复叙述，重点介绍 PowerPoint 2010 的工作区和状态区。PowerPoint 默认的文件名为"演示文稿 1"。

1. PowerPoint 2010 的工作区

PowerPoint 的工作区由幻灯片选项卡、大纲选项卡、导航区、幻灯片窗格、备注窗格等部分组成。工作区用于撰写或设计演示文稿。

（1）幻灯片选项卡　此区域是在编辑时以缩略图大小的图像在演示文稿中观看幻灯片的主要场所。使用缩略图能方便地遍历演示文稿，并观看任何设计更改的效果。在这里还可以轻松地重新排列、添加或删除幻灯片。

（2）大纲选项卡　此区域是开始撰写内容的理想场所；在这里，可以捕获灵感，计划如何表述它们，并能移动幻灯片和文本。"大纲"选项卡以大纲形式显示幻灯片文本。

（3）幻灯片窗格　此区域显示当前幻灯片的大视图。在此视图中显示当前幻灯片时，可以添加文本，插入图片、表格、SmartArt 图形、图表、图形对象、文本框、电影、声音、超链接和动画。

（4）备注窗格　在幻灯片窗格下的备注窗格中，可以键入应用于当前幻灯片的备注。可以打印备注，并在展示演示文稿时进行参考；还可以将它们分发给观众，也可以将备注包括在发送给观众或在网页上发布的演示文稿中。

四个区域的大小可以通过调节相邻的边框位置来改变，以适合浏览、编辑、排版幻灯片的需要。如图 0-6 所示。

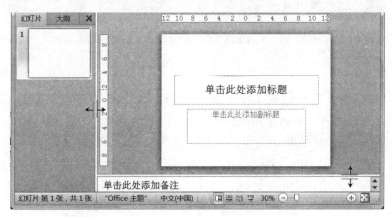

图 0-6　调节工作区各窗格的大小

2. PowerPoint 2010 的状态区

PowerPoint 的状态区由状态栏、视图切换区、显示比例调节区等部分组成。状态区主要显示当前工作的各种状态，在状态区可以调整、选择 PowerPoint 幻灯片的各种视图状态。

在视图切换区有 4 种视图状态按钮，即普通视图、

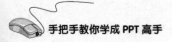

幻灯片浏览视图 ⊞、阅读视图 ⊞、幻灯片放映视图 ⊒。

① 普通视图 ⊟ 是主要的编辑视图,可用于撰写或设计演示文稿。该视图有上述四个工作区域。

② 幻灯片浏览视图 ⊞ 是以缩略图形式显示幻灯片的视图。如图 0-7 所示。

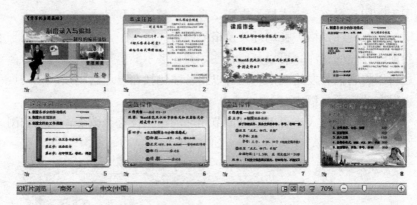

图 0-7　幻灯片浏览视图

③ 阅读视图 ⊞ 在不使用全屏的窗口中放映、审阅、查看演示文稿,与幻灯片放映效果相同。

④ 幻灯片放映视图 ⊒ 占据整个计算机屏幕,就像实际的演示一样。在此视图中所看到的演示文稿就是观众将看到的效果。可以看到在实际演示中,图形、计时、影片、动画效果和切换效果的状态。

快速访问工具栏中的"⊒"按钮,是从头开始放映幻灯片;视图切换区的"⊒"按钮,是从当前幻灯片开始放映。

三、根据需要设置 PowerPoint 选项

用户可以根据自己使用的习惯和需要设置 PowerPoint 的功能和选项,以便提高操作效率。

◆ **操作方法**　①单击"文件"→②单击"选项"→③打开 PowerPoint 选项对话框,如图 0-8 所示。

图 0-8　打开 PowerPoint 选项对话框

1. 设置自动保存时间间隔

在演示文稿编辑排版过程中，应养成随时保存的良好工作习惯，以便减少因停电、死机、误操作等意外事故没保存而造成的损失。系统有自动保存的功能，但默认的自动保存时间间隔为 10 分钟，为了减少因没保存而造成的损失，可以缩短系统自动保存的时间间隔，建议设为 2 分钟；或者养成随时（每隔一两分钟）手动保存的习惯。

◆ **操作方法**　在图 0-8 的左窗格中选择"保存"选项，在右边的内容窗格中，设置"保存自动恢复信息时间间隔"为"2 分钟"，如图 0-9 所示。

图 0-9　设置自动保存时间间隔

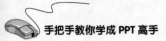

2. 设置最多可取消操作的次数

在 PowerPoint 2010 演示文稿中，系统默认的"最多可取消操作数"为 20，根据自己操作的习惯和需要，可以更改"最多可取消操作数"。在 PowerPoint 选项的左窗格中选择"高级"选项，在右边的内容窗格中的"编辑选项"区域，设置"最多可取消操作数"为 3～150 之间的整数。如图 0-10 所示。

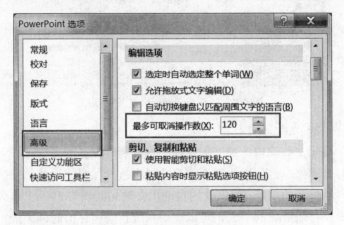

图 0-10　设置"最多可取消操作数"

3. 自定义"快速访问工具栏"

默认情况下，快速访问工具栏位于 PowerPoint 窗口的顶部，使用它可以快速访问频繁使用的工具。

系统默认的快速访问工具栏中只有保存、撤销、恢复三个命令按钮。而用户频繁使用的常用命令不仅仅是这三个，还有新建文件、打开文件、从头放映幻灯片、关闭文件、动画窗格等，如果能把这些命令的按钮添加在快速访问工具栏中，将使操作更方便快捷，大大节省操作时间，提高工作效率。所以用户可以根据需要对快速访问工具栏进行自定义，将自己常用的命令按钮添加到快速访问工具栏，体现操作界面的人性化、智能化。

◆ 自定义快速访问工具栏的**操作方法**i　如图 0-11 所示。

① 在 PowerPoint 选项的左窗格中选择"快速访问工具栏"选项；

② 在右边的内容窗格左侧的"常用命令"列表中，选择需要添加的命令；

③ 单击中部的"添加"按钮；

④ 则选中的命令进入右侧的"自定义快速访问工具栏"列表；

⑤ 最右侧的上移 ▲、下移 ▼ 按钮可以调整命令的顺序和位置；

⑥ 添加完所有需要的命令后，单击"确定"按钮，新的快速访问工具栏添加完成。

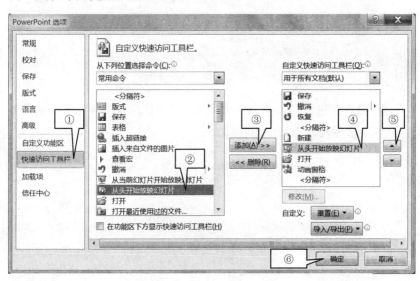

图 0-11 PowerPoint 选项自定义"快速访问工具栏"

◆ 自定义快速访问工具栏的**操作方法2** 单击快速访问工具栏右侧的按钮 ，在打开的列表中勾选自己常用的命令，对应的按钮即添加在快速访问工具栏中，如图 0-12 所示。

如果在使用时，还有其他什么习惯或需求，可以用同样的方法在"PowerPoint 选项"对话框中进行设置，即可对全部文档生效。

四、退出演示文稿软件

◆ **操作方法1** 单击 PowerPoint 窗口右上方的关闭按钮 X ，

即可关闭软件。

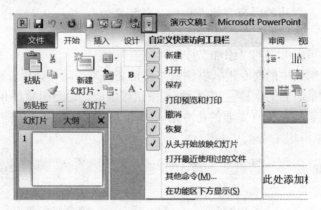

图 0-12　自定义"快速访问工具栏"

◆ **操作方法2**　单击"文件",在打开的菜单中选择左下角的"退出"按钮 🗙 **退出**,即可退出程序。

任务①

设计制作电子相册

 知识目标

1. 电子相册的框架结构；
2. 新建相册和编辑相册的操作方法；
3. 设置幻灯片主题的方法；
4. 制作、美化艺术字、文本框、图片的方法；
5. 制作图、文超链接的方法；
6. 设置图片动画的方法。

能力目标

1. 能在 PowerPoint 中设计制作电子相册；
2. 能新建、编辑相册；
3. 能设置幻灯片主题；
4. 能制作、美化相册每一页中的艺术字、文本框、图片等各部分内容；
5. 能制作图、文类型的超链接；
6. 能制作图片的动画效果。

 学习重点

1. 新建和编辑相册；
2. 设置艺术字、文本框、图片的各种格式；
3. 制作图、文超链接；
4. 设置动画效果。

　　随着科技、摄影器材的发展和人们生活水平的不断提高，照片的存留也由胶片、纸质发展为数码、图像文件等数字存储方式。电子相册就是把若干数码照片集中起来，再用一些软件给相片加些相框和特效、场景、音乐、动画效果，让相片伴随着音乐在电脑、电视、手机上播放，多种媒体、动感呈现照片的方式。

　　电子相册易于保存、易于复制、易于展示、携带方便，更具娱乐性（将照片融入场景模板中表达主题思想，充分体现个人特色）。

　　电子相册的制作软件有很多种，如 Flash、PR、AE、3D 等专业软件，PowerPoint 也是很好的多媒体制作软件，可以制作各种类型电子相册。

　　本任务以《美丽的校园》为例，应用 PowerPoint 自带的"相册"功能，设计制作带超链接、手动播放的电子相册，学习使用 PowerPoint 新建、编辑相册；制作、美化图、文、超链接、动画的操作方法。

 提出任务

　　背景介绍：小芸考上了国家级重点学校，入学已经两周了，她非常想告诉父母，自己的学校特别好、特别美，可是不知道怎么说才好。正在她一筹莫展时，陈老师帮她想了一个好主意："做一个电子相册《美丽的校园》，让爸爸妈妈看看你的学校。"小芸很高兴，开始学习制作。

　　提出任务：在 PowerPoint 2010 中设计、制作电子相册《美丽的校园》，共计 13 页（10 张相册内页）。相册结构应完整，相册各页之间有导航（相互跳转的超链接），制作内页相片的动画效果，每张相片有介绍词。

作品展示

1. 电子相册的框架结构及组成

电子相册的框架结构如图 1-1 所示，包含以下部分：相册封面、相册目录，相册内页，相册封底。

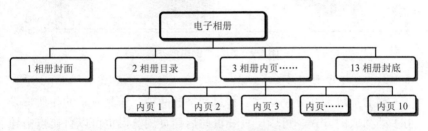

图 1-1　电子相册框架结构

相册内页的张数可以自己决定，本任务制作 10 张相片内页的校园相册（共计 13 页幻灯片）。如果相片数量很多，制作目录时可以做成分类目录或文字目录。校园相册演示文稿的组成部分如图 1-2 所示。

图 1-2　电子相册结构及组成

2. 相册幻灯片的组成元素

由作品可以看出，相册幻灯片由文字部分、图片部分、导航超链接、动画效果组成，如图 1-3 所示。每张幻灯片的具体组成内容在制作时详细分析。

幻灯片的文字部分可以利用艺术字或文本框来制作、美化。用插入图片的方法制作、美化各种图片。用添加动画、设置效果选项为相片（图片）制作动态、动画效果。相册导航可以制作图片超链接（相册目录）和文字超链接（相册内页）。

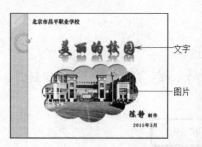

图 1-3　幻灯片的组成元素

3．相册的播放方式

相册播放形式分手动播放和自动播放两种。作品所示的相册，采用手动播放的方式，可以一页一页向后翻页浏览，也可以直接点击导航中的照片页码浏览。

4．相册的导航超链接结构

导航超链接由链接载体、链接路径（目标位置）组成。链接载体可以是文字、图片或按钮。超链接生效后，鼠标指向链接载体会变成小手形状🖑；单击链接载体会立即跳转到目标位置。

作品所示的目录页设置了图片超链接，每张小缩略图链接到对应的大图内页。

相册内页中，设置了用于翻页的文字超链接，如图 1-4 所示。"上一页"链接到本页的前一张幻灯片；"下一页"链接到本页的后一张幻灯片；"目录"链接到相册的目录页幻灯片；各数字链接到对应相片的幻灯片；"结束"链接到最后一页封底幻灯片；本页相片的数字不设置超链接，如第 5 张相片不设置"5"的超链接。

图 1-4　内页文字超链接的结构

5．电子相册的版式特点

从作品可以看出，《美丽的校园》电子相册使用 PowerPoint 提供的主题样式，从头至尾的背景是一致的，整齐、规则、风格统一；相册有封面、目录、内页、封底，封面和封底首尾呼应，有始有终，结构很完整；相册内页中标题、相片、说明文字、导航超链接等内容的位置固定、大小相同，使相册整齐、规则、一致，在放映时没有跳跃和闪动，具有专业水准；背景和文字颜色采用同一色系，以"淡紫色"为主题色，色彩搭配和谐、美观、雅致，视觉效果美观。

有效美观的演示文稿特征是：主题鲜明，内容准确，结构清晰，效果美观（版面美观大方、风格统一协调、色彩搭配合理、文字一目了然、动画合理简洁、图片文本一致）。

6. 照片素材的获取

照片可以用数码相机拍摄，直接得到".jpg"图片文件。纸质相片、手绘图片利用扫描仪扫描或相机拍摄为图片文件。

制作相册之前可以对照片先进行预加工处理，使用 Photoshop 对照片做修整、编辑和效果处理，也可以使用其他图像工具软件如CorelDraw、光影魔术手、美图等处理照片。

以上分析的是电子相册的框架结构、幻灯片组成部分、相册播放方式、超链接的结构、相册的版式特点等，下面按工作过程学习具体的操作步骤和操作方法。

完成任务

准备工作：收集、分类、整理做相册的相片文件，放在专门的文件夹中备用。为方便制作相册幻灯片，可以将所有相片图片的大小、分辨率调整一致，亮度调整合适。照片准备好，就开始制作电子相册。

一、新建相册

1. 启动 PowerPoint 2010

2. 新建相册

★ 步骤1　单击"插入"选项卡"图像"组的"相册"按钮，选择"新建相册"，打开"相册"对话框，如图1-5所示。

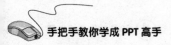

图 1-5　新建相册，打开"相册"对话框

★ **步骤 2**　单击"　文件/磁盘(F)...　"按钮，在"插入新图片"对话框中选择制作相册的图片，如图 1-6 所示，单击"插入"按钮，返回到"相册"对话框。选中的图片按文件名顺序排列在"相册中的图片"列表中。

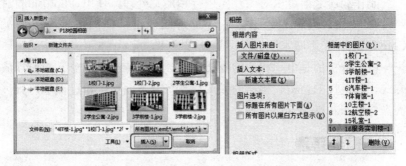

图 1-6　选择插入的新图片

★ **步骤 3**　在"相册"对话框中，可以对"相册中的图片"调整顺序（相册中幻灯片的顺序）：上移 ⬆ 或下移 ⬇，设置方向 ◩◪、对比度 ◖◗、亮度 ☀☼ 等格式。选择"相册版式"中的"图片版式"和"相框形状"，如图 1-7 所示，在对话框右下角可以看到幻灯片的预览效果。

★ **步骤 4**　单击"创建"按钮，生成相册幻灯片，如图 1-8 所示，共计 11 页（第 1 页为封面，其余 10 页为相片内页）。所有内页中相片的大小、位置、形状、样式都相同。

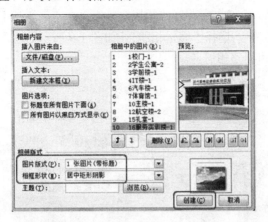

图 1-7　设置相册版式

图 1-8　生成的相册幻灯片

"新建相册"功能可以批量插入相片，并且自动生成相应的幻灯片，所有幻灯片中的相片位置、大小、形状、效果都相同，简单、快速、省事、高效，是制作相册的好方法。此法省去了制作者一张张插

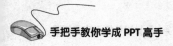

入相片，再一张张调整大小、一张张设置效果等的工序。

★ **步骤 5**　如果需要修改相册，单击"插入"选项卡"图像"组的"相册"按钮，选择"编辑相册"，如图 1-9 所示，进入"相册"对话框，修改和调整相册各项内容。

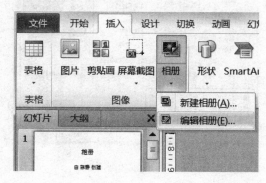

图 1-9　编辑相册

3. 将文件另存、命名

★ **步骤 6**　单击"文件"→"另存为"，在打开的"另存为"对话框中选择磁盘和文件夹，输入文件名"校园相册"，单击"保存"按钮。PowerPoint 的标题栏中文件名变为"校园相册.pptx"。

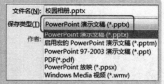

提示

PowerPoint 文件的保存类型："PowerPoint 演示文稿（*.pptx）"是 PowerPoint 2010及 2013、2016 版本的文件，文件压缩比大，容量很小，可以包含（嵌入）特定格式的音频文件和视频文件。PowerPoint 2003 及以下的低版本软件无法打开此类文件。

"PowerPoint 97-2003 演示文稿（*.ppt）"是 PowerPoint 97-2003 版本的文件，文件容量大，PowerPoint 97 以上版本的软件都可以打开此类文件（向下兼容）。

二、设置幻灯片主题

1. 设置相册幻灯片主题样式

★ **步骤7** 单击"设计"选项卡中"主题"组的快翻按钮 ，打开所有主题样式的列表，如图1-10所示，在主题列表中选择一种适合相册使用的主题样式。应用主题后的效果如图1-11所示。

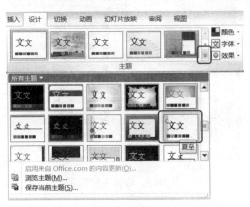

图 1-10 选择主题样式

图 1-11 应用主题后的效果

2. 设置幻灯片主题颜色

★ **步骤 8** 单击"设计"选项卡中"主题"组的"颜色"按钮

■■颜色▼，如图 1-12 所示，在打开的主题颜色列表选择适合相册的配色方案（包括背景色、标题颜色、文字颜色等），合理确定相册的主题色。例如"华丽"，主题色为淡紫色。

修改主题色可以实现 PPT 一键整体换色。

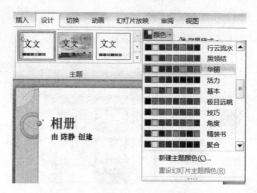

图 1-12　设置主题颜色

主题颜色是系统配置好、搭配好的各种配色方案，鼠标放在主题颜色列表（配色方案）的选项上，立刻在幻灯片上显示效果，便于预览、对比、选择。

三、制作相册封面

相册封面包含相册封面标题、相册说明、作者信息（作者姓名、公司、时间）、插图等内容，如图 1-13 所示。标题文字用艺术字制作，其他文字用文本框制作，插图可以插入合适的图片。

图 1-13　相册封面组成

1. 制作相册封面的艺术字标题。

★ **步骤9** 在幻灯片窗格中选择第 1 张封面幻灯片，单击"插入"选项卡"文本"组的"艺术字"按钮，在打开的艺术字库中选择合适的样式（倒数第二行第三列）（注意颜色、效果），如图 1-14 所示。幻灯片中出现艺术字的编辑框，如图 1-15 所示。

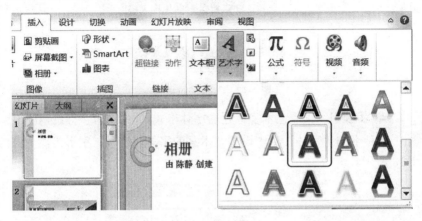

图 1-14　插入艺术字

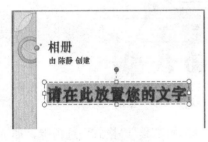

图 1-15　艺术字编辑框

图 1-16　键入相册标题内容

★ **步骤10** 在艺术字编辑框中录入相册标题内容"美丽的校园"（相册主题，相册名称），如图 1-16 所示。

艺术字有两种状态：编辑状态和选中状态，如图 1-17 所示。编辑状态时编辑框为虚线框，框中有闪动的竖线（插入点），可以录入、编

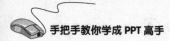

辑文字；选中状态时编辑框为细实线框（框中没有插入点），可以移动艺术字的位置、缩放外框、设置各种格式。单击艺术字外框为选中状态；单击艺术字文字为编辑状态。

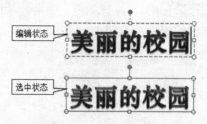

图 1-17　艺术字的状态

★ **步骤 11**　设置艺术字标题的字体格式。选中艺术字标题，在"开始"选项卡的"字体"组中设置艺术字的字体、字号、字形等，如图1-18 所示。

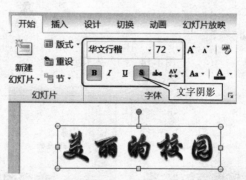

图 1-18　设置艺术字字体、字号、字形

★ **步骤 12**　选中艺术字，单击"绘图工具""格式"选项卡，如图 1-19 所示，艺术字的各种格式都在此选项卡中设置。

图 1-19　艺术字"格式"选项卡

★ **步骤** 13　设置艺术字"映像"效果。单击"艺术字样式"组的"文本效果"按钮 Ａ，如图 1-20 所示，选择一种漂亮的文本效果，例如"映像"→"映像变体"→"半映像，4pt 偏移量"，设置后的艺术字效果为倒影。

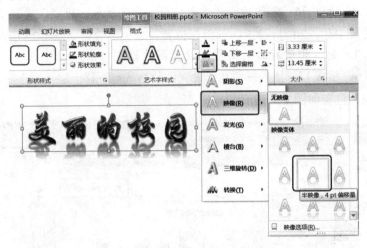

图 1-20　设置艺术字文本效果为"映像"

★ **步骤** 14　将封面中不需要的文本删除，移动艺术字标题到幻灯片合适的位置，如图 1-21 所示。至此，相册封面的艺术字标题制作完成。

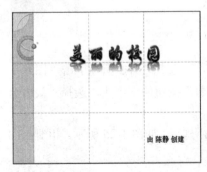

图 1-21　艺术字标题位置

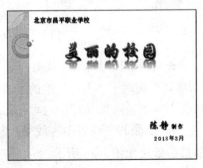

图 1-22　相册说明文字、作者信息

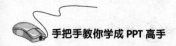

2. 制作相册封面的相册说明、作者信息

★ **步骤** 15   插入文本框，制作相册说明文字"北京市昌平职业学校"，设置文字格式（华文中宋，24 号，阴影，黑色，不加粗），移动文字位置，效果如图 1-22 所示。

★ **步骤** 16   制作相册的作者信息：作者姓名，日期。设置文字格式：宋体，20 号，1.5 倍行距，位置、颜色、效果如图 1-22 所示。

3. 制作相册封面的插图，设置图片格式

★ **步骤** 17   插入→图片，设置图片格式：下移一层→置于底层，大小、位置如图 1-23 所示。

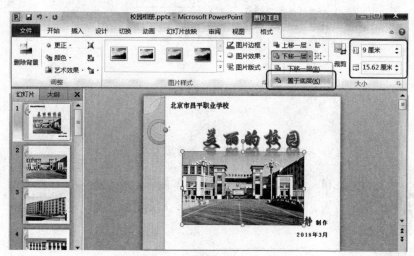

图 1-23　设置图片格式

★ **步骤** 18   将图片裁剪为云形。选中封面插图，单击"图片工具/格式"选项卡"大小"组的"裁剪"按钮的下箭头，选择"裁剪为形状"→"云形"，如图 1-24 所示。

★ **步骤** 19   设置图片效果"内阴影"。如图 1-25 所示。相册封面的最后效果如图 1-26 所示。

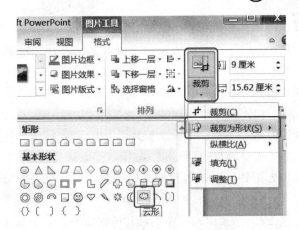

图 1-24　将图片裁剪为"云形"

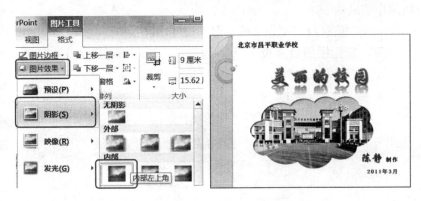

图 1-25　设置图片效果"内阴影"　　图 1-26　相册封面效果

4. 相册封面的版面设计

相册封面的版面应主题鲜明，主次分明，图文一致，文字一目了然，版面美观，色彩协调，搭配合理，适当留白，视觉效果好。

★ **步骤 20**　放映幻灯片。放映相册封面幻灯片，观看整体效果、页面布局、颜色搭配、文字大小、位置、比例等，如有不协调、不合适的格式，退出放映状态后，进行调整和修改，直到合适为止。

★ **步骤 21**　放映幻灯片的操作方法如下。

◆ **操作方法一** 单击状态栏"视图切换区 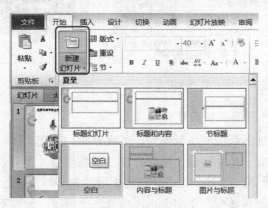"的"放映"按钮 ，从当前幻灯片开始放映，可以看到幻灯片全屏放映的实际效果。

◆ **操作方法二** 单击"幻灯片放映"选项卡中的"从头开始"或"从当前幻灯片开始"，即可放映。

◆ **操作方法三** 单击"快速工具栏"按钮 ，选择"从头开始放映幻灯片"，或单击 按钮，即可从头放映。

◆ **操作方法四** 单击键盘的"F5"键，可从头开始放映；单击"Shift+F5"组合键，从当前幻灯片放映。

★ **步骤 22** 结束放映。在幻灯片放映状态，右击鼠标，在弹出的快捷菜单中，选择"结束放映 结束放映(E) "，或单击键盘"Esc"键，可退出放映状态。

至此，相册封面制作完成，保存文件。

四、制作相册目录页

1. 新建空白幻灯片

★ **步骤 23** 单击"开始"选项卡"幻灯片"组的"新建幻灯片"按钮，在打开的列表中选择"空白"幻灯片，如图1-27所示。

图1-27 插入新空白幻灯片

新建的幻灯片在当前幻灯片之后，如图1-28所示。新幻灯片在第

1 页封面之后，成为第 2 页，原第 2 页的相片内页变成第 3 页，其余内页的编号顺序往后顺延。

2. 制作目录页

目录页由目录标题、相片缩略图、相片名称、相册说明文字组成，如图 1-29 所示。目录页的版面应主题鲜明，结构清晰，文字醒目，版面简洁、干净、整齐，色彩协调。

图 1-28　插入的空幻灯片

图 1-29　目录页效果

★ **步骤 24**　制作目录页的标题。利用艺术字制作目录页的标题"**校园美景**"（或者"校园掠影"），设置艺术字格式：隶书，54 号，阴影；文本效果"紧密映像，8pt 偏移量"。设置目录标题的颜色、位置、大小、比例，如图 1-29 所示，应协调、美观、悦目。

★ **步骤 25**　制作目录页的相片缩略图。

① 批量插入相册中的 10 张图片；

② 批量设置图片格式：宽度 5.2 厘米（或高度 3 厘米）；

③ 批量设置图片效果"预设 1"；

④ 按内页的顺序将缩略图摆放整齐，行列对齐对准、间隔均匀，如图 1-29 所示。

利用横排文本框制作每张相片的名称。文字格式：微软雅黑，16 号，加粗，黄色，名称与相片右对齐，底端对齐。

★ **步骤 26**　利用竖排文本框制作相册说明文字"北京市昌平职

业学校",华文中宋,18 号。放在幻灯片左侧装饰条的下部。还可以插入小图片装饰页面。目录页制作完成的效果如图 1-29 所示。

★ **步骤 27** 单击"放映"按钮，观看相册目录页幻灯片的整体效果、页面布局等，调整和修改各部分，直到合适为止。

3. 制作目录页的图片超链接

设置目录页的导航：每张小缩略图（链接载体）链接到对应的大图幻灯片（目标位置）。

★ **步骤 28** 在目录页选中第 1 张小缩略图，单击"插入"选项卡"超链接"按钮，打开"插入超链接"对话框，如图 1-30 所示。

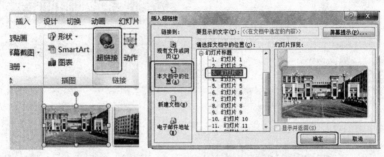

图 1-30　插入→超链接，设置超链接目标位置

★ **步骤 29** 设置超链接目标位置。在对话框的"链接到:"列表中选择"本文档中的位置"；在"文档中的位置:"列表中选择对应大图的幻灯片，如图 1-30 所示。链接的目标幻灯片在对话框右边可以预览。

★ **步骤 30** 单击"确定"按钮，图片的导航超链接设置完成。

提示　图片超链接在幻灯片放映时生效，鼠标放在设置超链接的图片上，鼠标会变成小手形状；单击链接图片，立刻进入（打开）链接的幻灯片（跳转到链接的目标位置）。

依次设置各个小缩略图的超链接，直到 10 张相片全部设置完。

★ **步骤 31** 单击"放映"按钮，测试目录页的每个图片超链接。鼠标放在小缩略图上会变成小手形 🖑，单击缩略图进入对应的大图幻灯片。目录页的图片超链接制作完成。

至此，相册目录页制作完成，保存文件。

五、制作相册内页

相册内页由相片标题、相片介绍（解说词）、相片、相册说明、相册导航栏组成，如图1-31所示。

图1-31　相册内页组成部分

1. 调整相册内页相片的尺寸和位置

★ **步骤32**　单击幻灯片窗格中的第3页，进入内页1（第1张相片）的编辑状态，如图1-32所示。相片在幻灯片页面的水平居中位置，跟幻灯片主题的背景不协调（遮盖了左侧的装饰条），需要调整位置和尺寸。

图1-32　相册内页

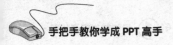

　　如果选择的主题背景没有侧面的装饰条，或相片不遮挡背景图案，可以不操作此步骤，直接制作内页文字。

　　★ **步骤 33**　选中相片，设置相片的宽度为 22 厘米，位置如图 1-33 所示，在相片上方留出制作相片标题、相片介绍的位置，下边留出制作相册导航栏的空间。

图 1-33　调整相片尺寸和位置

　　同样的方法，调整其余各页的相片尺寸和位置，使相册各内页的相片大小、位置、格式一致（可借助"视图"→"☑参考线"准确定位相片）。

　　2. 制作相册内页的文字

　　★ **步骤 34**　单击幻灯片窗格中的第 3 页，进入内页 1（第 1 张相片）的编辑状态，如图 1-33 所示，相册内页预留了相片标题的文本框占位符，可以编辑相片标题。

　　★ **步骤 35**　制作相片的标题文字。单击标题占位符，录入第 1 张相片的标题文字"学校简介"，设置标题格式：隶书，40 号，阴影；设置标题框高 2 厘米，宽 6.6 厘米，调整标题位置，如图 1-34 所示。

　　★ **步骤 36**　制作相片的介绍文字（解说词）。用横排文本框制作：学校始建于 1983 年，是国家级重点职业学校，全国中等职业教育改革发展示范学校，北京市现代化标志性中等职业学校。拥有"一校一区三基地"。

图 1-34　制作相册内页标题　　　　图 1-35　相册内页的文字

文本框格式：华文中宋，14 号字，首行缩进 1 厘米，行距 1.3 倍；文本框宽 14 厘米（高 2 厘米）。放到相册标题右侧合适的位置，如图 1-35 所示（幻灯片页面中解说文字的字号一般以 12～16 号较适宜，需要重点强调的文本字号可适当放大）。

★ **步骤 37**　将目录页的"北京市昌平职业学校"竖排文本框复制、粘贴到内页中，文本大小、格式、位置不变，如图 1-35 所示。

★ **步骤 38**　同样的方法，制作相册其他各内页的相片标题、相片介绍和校名（可以复制→粘贴→更改内容）（可借助"视图"→"☑参考线"准确定位各部分文字）。

相册内页各部分文本的格式、位置相同，前后一致，风格统一，如图 1-36 所示。

图 1-36　相册各内页

3. 相册内页的版面设计

相册内页的版面应主题鲜明，内容准确，图文一致，结构清晰，

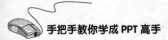

风格统一，文字一目了然，色彩协调美观，内页中各部分内容位置固定、大小相同，在放映时没有跳跃和闪动；动画简单合理；超链接准确。

★ **步骤 39**　单击"放映"按钮 🖳，放映时单击鼠标进入下一页，或按键盘上的"↓"或"→"换页，还可以拨动鼠标滚轮换页。放映观看相册所有内页的整体效果、页面布局、文本颜色、各部分结构、风格等，调整和修改各部分，直到合适为止。

4. 设置相册内页的相片动画效果

在电子相册中，可以让每一张相片动起来，增加相册的动感效果。PowerPoint 2010 的动画效果有四种类型：进入动画（进入屏幕时）、强调动画（增加醒目效果）、退出动画（退出屏幕时）、动作路径动画（动画的运动轨迹）。本任务制作内页相片的"进入动画"效果。

设置动画效果需要打开"动画"选项卡和"动画窗格"，在其中选择和设置各种动画效果。

动画设计原则：干净利落，简单、快捷、合情合理，不拖沓、不繁琐，恰到好处。

★ **步骤 40**　单击相册内页 1（幻灯片 3），选中相片图片，单击"动画"选项卡中"高级动画"组的"动画窗格"按钮，打开动画窗格，如图 1-37 所示。

图 1-37　动画选项卡，动画窗格

★ **步骤** 41　单击"添加动画"按钮或"动画效果"下拉按钮 ，在打开的列表中或单击"更多进入效果"按钮，选择一种"进入"的动画方式，比如"擦除"，如图 1-38 所示。添加的动画效果显示在右侧的"动画窗格"中。

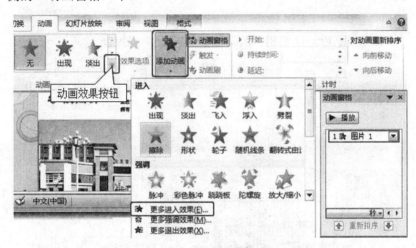

图 1-38　添加相片的动画

添加动画时，"动画效果"下拉按钮与"添加动画"按钮使用方法的区别如表 1-1 所示。

表 1-1　"动画效果"下拉按钮与"添加动画"按钮的区别

"动画效果"下拉按钮　淡出	"添加动画"按钮　添加动画
第一次单击：添加动画方式；	第一次单击：添加动画方式；
再次单击：更换动画方式（修改/替换）；	再次单击：增加新的动画方式（新增）；
效果：同一元素，只保留一种动画方式	效果：同一元素，可以有多种动画方式

内页 1 中的相片已选好了动画效果，下面设置相片"擦除"动画的五要素。

提示

　　PowerPoint 的动画有五要素：①动画效果选项；②开始方式；③持续时间（动画速度）；④动画顺序；⑤延迟时长（推迟入场的时刻）。动画的设置应简单、快捷、合理，不拖沓、不繁琐。

　★ **步骤 42**　设置相片的动画要素，如图 1-39 所示。

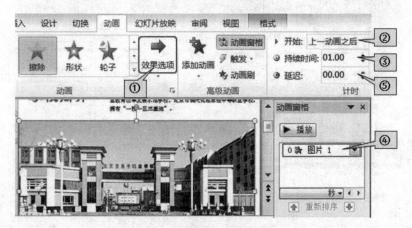

图 1-39　设置相片的动画要素

　　① 在"动画"选项卡中单击"效果选项"按钮，选择动画进入的方向，如"自左侧"；

　　② 在"▶开始"列表中选择"上一动画之后"（动画自动开始，不用手动控制）；

　　③ 在"⏱持续时间"框中设置动画速度为"1.00"秒（快速）；

　　④ 在"动画窗格"中相片（图片 1）的动画顺序排在第 1 位；

　　⑤ "⏱延迟"为 0 秒（不延迟）。

　★ **步骤 43**　放映幻灯片，观看相片的动画效果、动画速度，不合理、不合适的动画效果可以删除后再添加。或者单击"动画效果"下拉按钮，在列表中更换动画效果。

★ **步骤 44** 同样的方法，依次设置相册其余内页的相片动画效果。放映观看相册所有内页的相片动画效果并修改。

至此，相册内页的相片、文字和动画效果制作完成，保存文件。

六、制作相册封底

相册封底由结束语、感谢语、作者信息组成，如图 1-40 所示。

★ **步骤 45** 在相册的最后一张幻灯片后面，新建空白幻灯片，序号为 13（相册封底）。

★ **步骤 46** 在封底幻灯片中制作结束语、感谢语和作者信息，插入合适的图片修饰页面，并要与相册封面相呼应，做到有头有尾，首尾呼应，有始有终，完整统一。制作完成的封底，如图 1-40 所示。

图 1-40 相册封底

★ **步骤 47** 单击"放映"按钮，观看相册封底的整体效果、页面布局、图文效果等，调整、修改各部分，直到合适为止。

★ **步骤 48** 按照动画设计原则，可以对封底的部分图文内容设置适当、合理的动画效果，如图 1-41 所示。"开始"方式都是"上一动画之后"（动画自动开始，不用手动控制）。

放映封底幻灯片，观看封底各部分的动画效果、动画速度，调整、修改各动画要素，直到合理为止。

至此，相册封底制作完成，保存文件。

元素及顺序	动画效果	效果选项	开始	持续时间
封底插图	淡出		之后	1.00秒
欢迎您莅临	擦除	自左侧	之后	1.00秒
谢谢观看	缩放	按字母50%	之后	1.00秒

图 1-41　封底内容的动画

七、制作相册内页的导航超链接

1. 相册内页导航超链接的结构

相册内页的导航应该能在目录、各内页、封底之间跨时空任意跳转，有进有出，切换灵活，方便随意观看、选择性观看或重复观看，因此相册内页的导航超链接结构如图 1-42 所示。

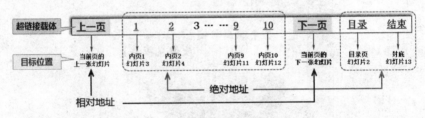

图 1-42　相册内页导航栏的结构

其中，链接到"有明确幻灯片页码"的是绝对地址，如图 1-42 所示；而"上一页""下一页"分别链接到相对当前页的上一张或下一张，是相对地址，如图 1-42 所示。

本页相片的数字不设置超链接，如第 3 张相片不设置"3"的超链接。

2. 制作相册内页超链接的文本（链接载体）

★ **步骤 49**　单击幻灯片窗格中的相册内页 1（幻灯片 3），在相片下面插入文本框，输入超链接文本，如图 1-43 所示，文本格式为宋体，17 号，加粗。

学校	上一页 1 2 3 4 5 6 7 8 9 10 下一页 目录 结束

图 1-43 相册内页超链接文字

3. 设置超链接的路径（目标位置）

按照图 1-42 所示的超链接结构，依次为相册内页 1 的超链接文本（链接载体）设置路径（目标位置）。

★ **步骤** 50 选中"上一页"文字，单击"插入"选项卡"超链接"按钮 ，打开"插入超链接"对话框，如图 1-44 所示。

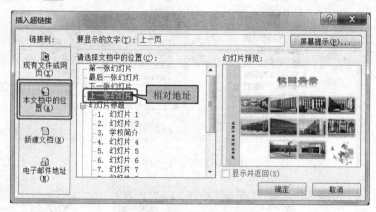

图 1-44 设置超链接目标位置

★ **步骤** 51 设置超链接目标位置。在对话框的"链接到："列表中选择"本文档中的位置"；在"文档中的位置："列表中选择"上一张幻灯片"（相对地址），如图 1-44 所示。链接的目标幻灯片在对话框右边可以预览。

★ **步骤** 52 单击"确定"按钮，设置的超链接文本变为：有下划线，颜色变为主题颜色（配色方案）中的黄色，如图 1-45 所示。如果超链接文本颜色不合适（文字不清晰、不醒目，看不清楚），可以新建主题颜色。

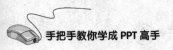

图 1-45　超链接文本效果

4. 更改超链接文本的颜色

★ **步骤 53**　新建主题颜色。单击"设计"选项卡"主题"组的"颜色"按钮，选择"新建主题颜色"选项，打开"新建主题颜色"对话框，如图 1-46 所示。

在对话框中设置"超链接"颜色为深紫色，"已访问的超链接"颜色为淡紫色（或其他颜色），在"名称"框中录入新主题颜色的名称，如图 1-46 所示。

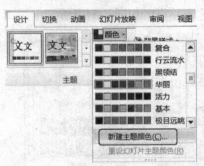
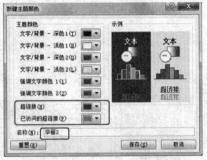

图 1-46　新建主题颜色

★ **步骤 54**　单击"保存"按钮。则"上一页"的超链接颜色变为深紫色，清晰、醒目，如图 1-47 所示。

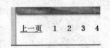

图 1-47　新建主题颜色效果

★ **步骤 55**　按照图 1-42 所示的超链接结构，继续设置其他文本的超链接。设置完全部超链接的文本如图 1-48 所示。

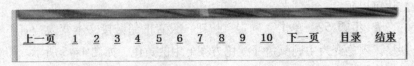

图 1-48　相册内页的超链接文本颜色

提示

设置文本超链接后，在幻灯片编辑状态，文字下方出现下划线，文字及下划线颜色为主题颜色中的"超链接颜色"。

文本超链接在幻灯片放映时生效，鼠标放在超链接文本上，鼠标会变成小手形状 ；单击链接文本，立刻进入（打开）链接的幻灯片（跳转到链接的目标位置）。

★ **步骤 56**　单击"放映"按钮 ，测试内页 1 的每个超链接文本，如果有链接错误，进行修改，直到链接准确为止。

图 1-49　相册第 1 张内页的效果

至此，内页 1 的文本超链接及全部内容制作完成，如图 1-49 所示，保存文件。

5. 制作其他内页的超链接文本

★ **步骤 57**　复制超链接文本。将内页 1 中制作好、路径准确的超链接文本，依次复制→粘贴到其他各内页。复制后的所有内页的超链接文本，格式、位置、链接路径完全相同，保证前后一致、风格统一，放映时不闪动、不跳跃，目标准确。

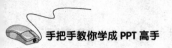

6. 修改每张内页的超链接结构

本页相片的数字不设置超链接，如内页 1（第 1 张相片）不设置 "1" 的超链接……内页 10（最后 1 张相片）不设置 "10" 的超链接。

★ **步骤 58** 单击幻灯片窗格中的相册内页 1（幻灯片 3），选中 "1"，单击 "插入"→ "超链接"，在打开的 "编辑超链接" 对话框中单击 "删除链接" 按钮，如图 1-50 所示，则 "1" 的超链接撤销。

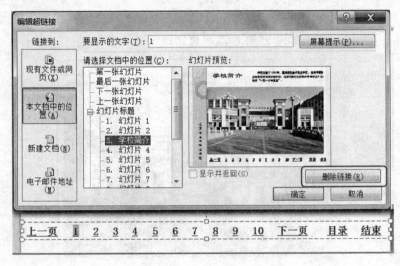

图 1-50 删除超链接

★ **步骤 59** 同法，将内页 2 的数字 "2" 删除链接……将内页 9 的数字 "9" 删除链接，将内页 10 的数字 "10" 删除链接。

★ **步骤 60** 单击快捷工具栏中的 "从头放映" 按钮，观看全部幻灯片，并测试每张相册内页的每个超链接，如果有链接错误，进行修改，直到链接准确为止。

放映时，使用相册目录和内页中的超链接可以随意换页，任意跳转，不按顺序，跨越时空顺序，实现互动性。

至此，电子相册全部制作完成，保存文件。制作电子相册的方法也可以用于制作图文展示的演示文稿或项目汇报文稿，如电子书、电子杂志、旅游景点宣传片、班级纪念册、实践实习画册、家庭相册、旅游留念集、卡拉 OK 歌曲集等。

八、展示讲解电子相册

电子相册除了可以播放观看，还可以展示讲解，有讲解的相册更丰富生动、更详实具体，PPT 展示及讲解需考虑听众的感受，需注意以下事项。

（1）准备相册解说词。撰写完整的解说词，理解并记忆，然后按照理解和逻辑关系讲解，思路清晰、逻辑关系正确。相册解说词文稿比幻灯片内页中的相片介绍内容全面、详实、丰富、完整。

（2）开场白和结束语。标准的开场白包括礼貌的欢迎、自我介绍、演讲意图等；结束时要致谢。场景切换要有上下文连接语，合理、承上启下。

（3）演讲的语言。演讲时，精神饱满，语言流畅、自信，富有激情和个性，语速恰当，合理运用语音、语调、语气和节奏的变化吸引听者注意，强调重点，语言有感染力、有吸引力。一般每分钟讲解 180～200 字。

（4）PPT 播放展示。链接、翻页准确，不要突然跳过幻灯片，不要回翻幻灯片，以免听者混淆。用翻页激光笔的指针指示要强调的部分。动画与讲解应有逻辑联系，动画应合理、简单、快速，不拖沓、不繁琐，动静结合，相得益彰，忌动画满天飞。

（5）仪容仪表仪态。着装正规、整洁，仪态、表情自然、亲切、大方，保持精神焕发的状态。

（6）微笑、交流与互动。保持微笑，目光与听众接触、交流，肢体语言要适合、自然，与听众的互动合理、自然，收放自如。

 归纳总结

1. 总结电子相册的结构组成及各页内容

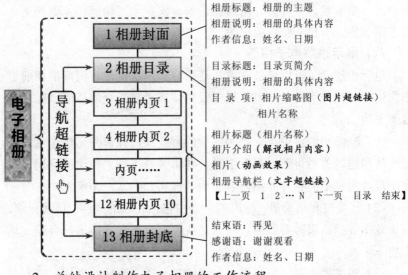

2. 总结设计制作电子相册的工作流程

① 收集、选择制作相册的图片素材和文字说明；

② 启动 PowerPoint，新建相册、编辑相册；

③ 设置幻灯片主题样式、主题颜色；

④ 制作电子相册封面、目录页、内页、封底；

⑤ 设置相片的动画效果；

⑥ 设置图片、文本超链接；

⑦ 放映幻灯片；

⑧ 检查、修改各部分格式及效果。

3. 总结图片、文字超链接的组成、制作方法及特征（参见表1-2）

表1-2　图片、文字超链接的组成、制作方法及特征

项　　目	图片超链接	文字超链接
超链接组成	链接载体（图片）和链接路径（目标位置）	链接载体（文字）和链接路径（目标位置）
超链接制作方法	选中图片→插入→超链接🌐→选择目标位置	选中文本→插入→超链接🌐→选择目标位置

续表

项 目	图片超链接	文字超链接
超链接何时生效	幻灯片放映时，超链接生效	幻灯片放映时，超链接生效
超链接特点——编辑状态	图片没变化	文字下方出现下划线，文字及下划线颜色为主题颜色中的"超链接颜色"。 *选择"文本编辑框"设置的超链接无下划线
超链接特点——放映状态	鼠标放在设置超链接的图片上，鼠标会变成小手形状🖑；单击链接图片，立刻进入（打开）链接的幻灯片（跳转到链接的目标位置）	鼠标放在超链接文本上，鼠标会变成小手形状🖑；单击链接文本，立刻进入（打开）链接的幻灯片（跳转到链接的目标位置）

 评价反馈

作品完成后，填写表 1-3 所示评价表。

表 1-3 "设计制作电子相册"评价表

评价模块	学习目标	评 价 项 目	自评
专业能力	1. 管理 PowerPoint 文件：另存、命名、打开、随时保存、关闭文件		
	2. 新建相册	新建相册，设置相册对话框内容及相册版式	
		编辑相册，设计相册展示路线、调整图片顺序	
	3. 设置幻灯片主题	选择主题样式	
		设置主题颜色	
	4. 制作相册封面	制作封面艺术字标题，设置艺术字格式	
		用文本框制作封面其他信息，设置文本框格式	
		制作封面的插图，设置图片格式	
	5. 制作相册目录页	新建幻灯片	
		制作目录页的标题	
		制作目录页的缩略图	
		制作目录页的图片超链接	
	6. 制作相册内页	设置每页相片大小、位置一致	
		制作相片标题，设置格式	
		制作相片的解说词，设置文本框格式	
		合理设置各相片动画效果及动画要素	
		各内页内容完整，风格统一，格式一致	
	7. 制作相册封底	内容完整，版面美观	

续表

评价模块	学 习 目 标	评 价 项 目		自评
	8. 制作相册内页文本超链接	制作超链接的文本		
		设置超链接的目标位置		
		更改超链接文本颜色		
		复制超链接文本		
		修改相册每一页的超链接结构		
	9. 放映幻灯片	从头放映、放映当前、结束放映幻灯片		
	10. 相册版面设计：结构清晰，文字醒目，风格统一，色彩协调			
	11. 展示讲解相册			
	12. 正确上传文件			

评价模块	评价项目	自我体验、感受、反思		
可持续发展能力	自主探究学习、自我提高、掌握新技术	□很感兴趣	□比较困难	□不感兴趣
	独立思考、分析问题、解决问题	□很感兴趣	□比较困难	□不感兴趣
	应用已学知识与技能	□熟练应用	□查阅资料	□已经遗忘
	遇到困难，查阅资料学习，请教他人解决	□主动学习	□比较困难	□不感兴趣
	总结规律，应用规律	□很感兴趣	□比较困难	□不感兴趣
	自我评价，听取他人建议，勇于改错、修正	□很愿意	□比较困难	□不愿意
	将知识技能迁移到新情境解决新问题，有创新	□很感兴趣	□比较困难	□不感兴趣
社会能力	能指导、帮助同伴，愿意协作、互助	□很感兴趣	□比较困难	□不感兴趣
	愿意交流、展示、讲解、示范、分享	□很感兴趣	□比较困难	□不感兴趣
	敢于发表不同见解	□敢于发表	□比较困难	□不感兴趣
	工作态度，工作习惯，责任感	□好	□正在养成	□很少
成果与收获	实施与完成任务	□☺独立完成	□☺合作完成	□☹不能完成
	体验与探索	□☺收获很大	□☺比较困难	□☹不感兴趣
	疑难问题与建议			
	努力方向			

复习思考

1. 放映幻灯片有几种操作方法？分别如何操作？

2. PowerPoint 的动画有哪几种类型？动画要设置哪些要素？三种开始方式分别表示动画何时开始？

3. 如何制作超链接？超链接何时生效？图片、文本超链接的特点（编辑状态、放映状态）是什么？

4. 如何更改超链接文本的颜色？

拓展实训

在 PowerPoint 2010 中设计制作景点宣传片。要求：景点宣传片结构完整，各页内容齐全，主题鲜明，内容准确，结构清晰，图文一致，文字醒目，资料翔实，版面美观、风格统一、格式一致、色彩协调，动画简单合理，目录页、内页的超链接准确，会展示讲解。内页数量根据景点数量合理安排（至少 10 张以上）。

参考：目录页可以是地图、图文列表、缩略图等；目录中的图文链接应准确。

样文

任务 ② 设计制作动态贺卡

 知识目标

1. 动态贺卡的结构组成；
2. 制作贺卡框架的方法；
3. 设置幻灯片切换动画的方法；
4. 设置文字动画和图片动画的方法；
5. 设置动作路径动画的方法；
6. 插入幻灯片背景音乐、设置音频选项的方法；
7. 使用排练计时设置幻灯片自动播放的方法。

 能力目标

1. 能在 PowerPoint 中设计制作动态贺卡；
2. 能制作贺卡框架；
3. 能设置幻灯片切换动画效果；
4. 能设置文字和图片的动画效果；
5. 能设置动作路径动画；
6. 能插入幻灯片背景音乐，能设置音频选项；
7. 能使用排练计时设置幻灯片自动播放。

学习重点

1. 设置幻灯片背景的方法；
2. 设置幻灯片切换动画、动作路径动画、背景音乐、排练计时的方法。

　　贺卡的产生源于人类社交的需要，贺卡的种类更是层出不穷，由最开始的木质、纸质贺卡到现今网络流行的电子贺卡，形式多种多样。电子贺卡有静态贺卡、动态贺卡和视频贺卡等多种形式。

　　动态贺卡的制作软件有很多种，多媒体软件都可以制作动态贺卡，PowerPoint 也能制作效果很好、图文并茂、音乐和动画集成的动态贺卡。

　　本任务以母亲节为主题，以动态贺卡《妈妈我爱您》为例，应用PowerPoint 设计制作自动播放的动态贺卡，学习使用 PowerPoint 设置幻灯片切换动画、设置动作路径动画、插入背景音乐、排练计时的操作方法。

 提出任务

　　背景介绍：快到母亲节了，晨晨苦思冥想：今年送给妈妈什么礼物呢？往年已经送过鲜花、蛋糕、妈妈喜欢的饰物、妈妈爱吃的食物、陪妈妈看过电影……突然她来了灵感：给妈妈制作一个微电影，表达对妈妈的爱和感谢。

　　提出任务：在 PowerPoint 2010 中设计、制作母亲节动态贺卡《妈妈我爱您》，在合适的场景（背景）中，制作贺卡的图片、祝福语以及合适的动画和背景音乐，贺卡自动连续播放。

 作品展示 （贺卡中的部分图片选自 163 贺卡网站）

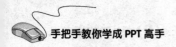

分析任务

1. 动态贺卡的结构组成

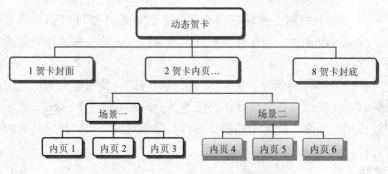

图 2-1　动态贺卡框架结构

动态贺卡的框架结构如图 2-1 所示，包含以下部分：贺卡封面，贺卡内页（若干张）、贺卡封底。其中贺卡内页包含两个场景，即场景一和场景二，每个场景有 3 张内页。

贺卡内页的张数可以自己决定，本任务制作 6 张内页的母亲节贺卡（共计 8 页幻灯片）。母亲节贺卡演示文稿的组成部分如图 2-2 所示。

图 2-2　动态贺卡结构及组成

贺卡封面有标题（祝贺的主题）、收卡人信息、贺卡日期、作者签名；贺卡内页是祝福语、有情节的图片、动画，祝福语可以是诗歌、散文或书信等形式；贺卡封底有结束语、作者签名、日期、重播超链接按钮。

2. 贺卡幻灯片的组成元素

贺卡幻灯片由文字部分、图片部分、动画效果和音乐组成，如图2-3 所示。每张幻灯片的具体组成内容和动画效果在制作时详细分析。

图 2-3 贺卡幻灯片的组成元素

3. 贺卡的播放方式

母亲节贺卡，采用全程自动播放的方式，不用人为干预，不用手动播放，不用点击鼠标，贺卡全程自动、流畅播放，像影视、动画片一样的效果。每张幻灯片设置了放映时间，如 00:19.36 ⟨精确到 0.01秒），如作品所示。由时间来控制各张幻灯片之间的衔接、过度和准确时刻。

4. 贺卡超链接的结构

母亲节贺卡最后一页（封底）中，设置了用于重播的"Replay"超链接按钮，如图2-4 所示，"Replay"链接到贺卡封面（第1页）。

图 2-4 封底超链接按钮

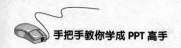

5. 贺卡的版式特点

母亲节贺卡，不使用 PowerPoint 提供的主题，而是根据贺卡的故事情节，用不同的背景图制作幻灯片背景效果，搭建出贺卡的框架和结构。

贺卡在"妈妈我爱你"的伴奏音乐中，娓娓讲述一个母女情深的感恩故事。封面以红色喜庆的玫瑰爱心开篇，明确主题；第一个场景（前 3 张内页），讲述了时间、地点、人物、事件，是孩子的爱心感恩行为；第二个场景(后 3 张内页)是孩子的心声、献给母亲的礼物、祝福和感谢、感恩！内页 6 是母亲与女儿共奏心灵的交响曲、心灵的共鸣；封底再次祝福母亲，色调和祝福语与封面呼应，结束贺卡！

第一个场景的 3 张内页，背景、文字格式、图文位置的风格相同，简单明快，表达清楚简练；第二个场景，风格也相同，表达的感情和内容丰富、深刻、真诚。在不同内页中，孩子与母亲轮流出场，好像母女交流、对话一样，最后妈妈抱着女儿同时出场，达到高潮，在女儿的温馨祝福中结束贺卡。

6. 贺卡幻灯片的动画

在贺卡幻灯片中应用了很多动画效果，PPT 动画主要有两种类型：幻灯片切换动画和对象动画。

① 幻灯片切换动画：两页幻灯片之间的动态过渡效果，用于更换场景（不同场景）的幻灯片之间的转场，简称切换，在"切换"选项卡 切换 中设置。

② 对象动画：幻灯片页面内，某一对象（文本、图片、形状、表格、SmartArt 图形和其他对象）的动态变化的视觉效果；用于提示重点、显示逻辑关系、引导观众注意等，简称动画，在"动画"选项卡 动画 中设置。

对象动画包括四种类型：进入动画（进入屏幕时）、强调动画（增加醒目效果）、退出动画（退出屏幕时）、动作路径动画（动画的运动轨迹）；它们还可以组合成组合动画效果。

7. PowerPoint 2010 支持的音频文件格式

在 PowerPoint 2010 中可以插入的音频文件有：*.mid，*.mp3，*.wav，*.wma 等常用音频文件格式。这些格式的音频文件可以完全嵌入到 PowerPoint 2010 版的 pptx 文件中，便于传输和放映，彻底告别声音文件要跟 PPT 一起打包给别人的历史，从此更不用担心换电脑 PPT 文件不出声的困扰了。

以上分析的是动态贺卡的结构、贺卡幻灯片组成部分、贺卡播放方式、超链接的结构、贺卡的动画、贺卡的版式特点、音频文件格式等，下面按工作过程学习具体的操作步骤和操作方法。

完成任务

准备工作：根据贺卡的故事情节，收集、分类、整理并精选制作母亲节贺卡的图片（图片可以经过 Photoshop 编辑、预处理）、祝福语、背景音乐等文件，放在专门的文件夹中备用。

启动 PowerPoint 2010，将新文件另存，命名。

一、制作贺卡幻灯片的框架

贺卡幻灯片的框架如图 2-5 所示，共 8 张幻灯片，由四种背景图：封面背景、场景一背景、场景二背景、封底背景构成。

1. 设置幻灯片版式和封面背景

★ **步骤 1** 单击"开始"选项卡"幻灯片"组的"版式"按钮，选择"空白"版式，如图 2-6 所示。幻灯片内的各种标题占位符消失，版面干净、空白。

★ **步骤 2** 单击"设计"选项卡"背景"组的"背景样式"按钮，在打开的列表中选择"设置背景格式"选项，打开"设置背景格式"对话框，如图 2-7 所示。

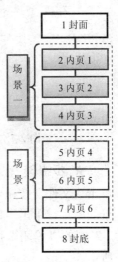

图 2-5 贺卡框架

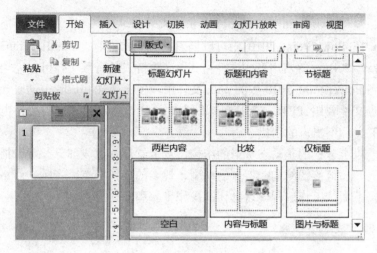

图 2-6　设置空白版式

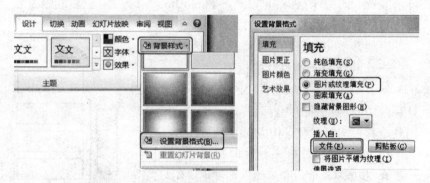

图 2-7　设计→背景样式→设置背景格式→图片填充

★ **步骤3**　在图2-7所示的对话框中，选择"⊙图片或纹理填充"，单击"文件"按钮，在打开的"插入图片"对话框中选择贺卡封面背景的图片，单击"插入"按钮，封面幻灯片的背景设置完成，单击图2-7 中的"关闭"按钮。设置背景样式后的贺卡封面幻灯片如图 2-8 所示。

图 2-8　贺卡封面背景

2. 制作场景一

★ **步骤 4**　新建空白版式的幻灯片、设置幻灯片的背景为"场景一"(背景图是动画效果的"场景 1.gif"图片),如图 2-9 所示。这是贺卡的第一个场景。

图 2-9　新建空白幻灯片,设置幻灯片背景

场景一有 3 张幻灯片,因此需要再制作 2 张同样(背景图完全相同)的幻灯片,采用复制的方法制作。

★ **步骤 5**　复制场景一。在"幻灯片"窗格内,用鼠标右键按住"幻灯片 2",向下拖动至幻灯片外,在弹出的菜单中选择"复制"选

项，如图 2-10 所示，则幻灯片复制完成。

图 2-10　复制幻灯片　　图 2-11　复制后的"场景一"幻灯片

用此法复制的幻灯片，能将设置的背景图格式一起复制，简便、快速、省事。省去再多次设置相同背景图的重复操作，用同样的方法复制两次，共计 3 页幻灯片，如图 2-11 所示。

3.　制作场景二

★ **步骤 6**　新建空白版式的幻灯片，设置幻灯片背景为"场景二"，这是贺卡的第二个场景。复制此幻灯片两次，共计 3 页，如图 2-12 所示。

图 2-12　新建空白幻灯片，设置背景，复制

4.　设置封底背景

★ **步骤 7**　同样的方法，新建空白幻灯片，设置背景为封底背景

图。至此，母亲节贺卡幻灯片的框架制作完成，共 8 页幻灯片，四种背景图，如图 2-13 所示。

图 2-13　母亲节贺卡框架

5. 设置贺卡的"幻灯片切换"动画

"幻灯片切换"动画是指两页幻灯片之间的动态过渡效果，用于更换章节或更换场景时，可以使 PowerPoint 不同章节、不同场景的幻灯片之间的转场过渡生动、精彩，不单调。

提示　"幻灯片切换"动画不要每页都用，否则观众会眼花缭乱、视觉疲劳；幻灯片逻辑关系不清晰，破坏视觉效果，降低幻灯片的质量。

★ **步骤 8**　分析"幻灯片切换"动画的适用场合。

① 更换场景（背景）时，可以设置"幻灯片切换"动画，显示不同场景的转场动画效果，增强逻辑关系，条理更清晰。贺卡中可以设置切换动的幻灯片有：1（封面），2（内页 1），5（内页 4），8（封底）。

② 同一场景内（背景不变），不能设置"幻灯片切换"动画，即同一场景内不需要转场，保持内容的连贯性，不分割、不断裂。贺卡中不能设置切换动画的幻灯片有：3（内页 2），4（内页 3），6（内页 5），7（内页 6）。

★ **步骤 9**　设置封面幻灯片的切换动画。在幻灯片窗格中选择第 1 张封面幻灯片，单击"切换"选项卡，单击"切换到此幻灯片"组的下拉按钮 ▼，在列表中选择合适的幻灯片切换效果，例如"圆形扩展"，如图 2-14 所示。选择"效果选项"，设置持续时间（切换速度）。放映幻灯片，观看切换（转场）效果，若不合适则更换其他效果。

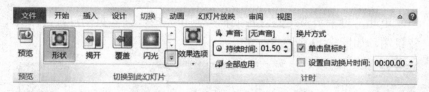

图 2-14　设置幻灯片切换的动画效果

★ **步骤** 10　同样的方法，依次选择幻灯片 2、5、8，分别设置切换动画，放映观看不同场景的转场效果，若不合适则更换其他效果。幻灯片切换速度要快速、合理，设置的持续时间尽量短，不拖沓、不缓慢。

至此，母亲节贺卡幻灯片的框架、切换（转场）动画全部制作完成，保存文件。下面逐页制作贺卡的各页内容。

二、制作贺卡封面（幻灯片 1）

贺卡封面包含贺卡标题（祝贺的主题）、收卡人信息（姓名、称呼）、贺卡日期、作者签名等内容，如图 2-15 所示。标题文字用艺术字制作，其他文字用文本框制作。

贺卡封面的版面应主题鲜明，文字一目了然，版面美观，色彩协调，搭配合理，视觉效果好。

图 2-15　贺卡封面组成

1．制作贺卡标题

★ **步骤** 11　在幻灯片窗格中选择第 1 张封面幻灯片，使用艺术字制作贺卡的标题"妈妈 我爱您!"，设置合适的艺术字格式（华文行楷，

72～88号）；选择艺术字样式、效果（外阴影，半映像）。注意颜色搭配、标题位置、大小比例等，如图2-15所示。

2. 制作签名、日期

★ **步骤 12** 插入文本框，制作贺卡日期"2018-05-08"，设置文字格式（24～32号，加粗，阴影，黄色），移动文字位置，效果如图2-15所示。

★ **步骤 13** 制作作者签名，楷体，24～36号，位置、颜色、效果如图2-15所示。

★ **步骤 14** 放映幻灯片，观看贺卡封面的整体效果、页面布局、文本颜色、大小、比例、位置等，调整和修改各部分，直到合适为止。

3. 设置封面各内容的动画效果

★ **步骤 15** 分析封面各部分内容的动画。出场顺序依次为：标题→日期→作者。封面的动画应该主次分明、重点突出，动画合理、简洁、不拖沓。因此标题的动画效果应该精彩，引人注目，是本页面内的主要、重点动画。日期和签名的动画应该平淡、弱化效果，衬托主题（标题），入场速度快捷。

★ **步骤 16** 设置封面标题动画。单击"动画"选项卡中"高级动画"组的"动画窗格"按钮，打开动画窗格。选中艺术字标题，单击"添加动画"按钮，在打开的列表中选择一种"进入"的动画方式，比如"缩放"，添加的动画效果显示在右侧的"动画窗格"中，如图2-16所示。

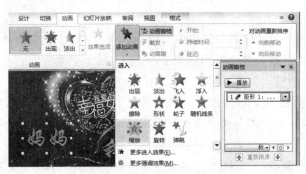

图2-16 添加标题的动画效果

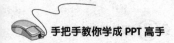

贺卡封面的标题已选好了动画效果，下面设置标题"缩放"动画的五要素。

提示

PowerPoint 的动画有五要素：①动画效果选项；②开始方式；③持续时间（动画速度）；④动画顺序；⑤延迟时长（推迟入场的时刻）。动画的设置应简单、快捷、合理，不拖沓、不繁琐。

★ **步骤 17** 设置标题的动画要素，如图 2-17 所示。

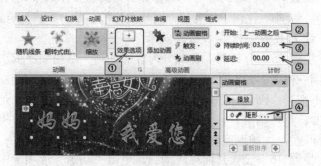

图 2-17 设置标题的动画要素

① 在"动画"选项卡中单击"效果选项"按钮，选择动画消失点为"幻灯片中心"；

② 在"▶开始"列表中选择"上一动画之后"（动画自动开始，不用手动控制）；

③ 在"🕐持续时间"框中设置动画速度为"3.00"秒（慢速）；

④ 在"动画窗格"中矩形 1（标题）的动画顺序排在第 1 位；

⑤ "🕐延迟"为 0 秒（不延迟）。

★ **步骤 18** 放映幻灯片，观看贺卡封面标题的动画效果、动画速度，不合理、不合适的动画效果可以删除后再添加。或者单击"动画效果"下拉按钮 ▼，在列表中更换动画效果。

★ **步骤 19** 同样的方法，依次设置贺卡封面其余文本的动画效果，如图 2-18 所示。

元素及顺序	动画效果	效果选项	开始	持续时间
妈妈	缩放	幻灯片中心	之后	3.00 秒
我爱您	缩放	幻灯片中心	之后	2.00 秒
日期	擦除	自左侧	之后	1.50 秒
签名	弹跳	按字母30%	之后	1.50 秒

图 2-18 封面文本的动画

★ **步骤 20** 放映幻灯片，观看贺卡封面所有内容的动画顺序、效果、速度是否合理、是否合适，并调整修改。

至此，母亲节贺卡的封面和动画效果制作完成，保存文件。

三、制作贺卡内页，设置合适的动画效果

贺卡的内页是讲述一个母女情深的感恩故事，包括祝福语、有情节的图片、动画等，构成故事的情节。

1. 制作贺卡内页 1（幻灯片 2）

★ **步骤 21** 制作内页 1 文字。在幻灯片窗格中选择第 2 张幻灯片（内页 1），用文本框制作文字"五月，春花烂漫时"，格式：楷体，48 号，加粗，蓝色，位置如图 2-19 所示。

图 2-19 贺卡内页 1 文字效果

★ **步骤 22** 设置文字的动画效果。选中文本框，添加进入动画效果为"淡出"，设置开始为"上一动画之后"，持续时间为"1.50"

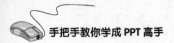

秒，如图 2-20 所示。

图 2-20 贺卡内页 1 文字的动画效果

★ **步骤 23** 设置文字淡出动画的"效果选项"。在动画窗格的列表中，单击 ⓪★ TextBox 1... ▼ 右边的箭头，在打开的列表中选择"效果选项"，打开"淡出"的"效果选项"对话框，如图 2-21 所示。

★ **步骤 24** 在对话框中，选择"动画文本"方式为"按字母"（逐字淡出），选择"字母之间延迟"为 30%，如图 2-21 所示。单击"确定"按钮。

放映幻灯片，观看文本框的逐字淡出动画效果，不合适的动画效果或选项可以修改，直到合适为止。

图 2-21 "淡出"动画的效果选项

至此，贺卡内页 1 制作完成，讲述了故事的时间（五月，母亲节）、地点（花园，场景一），保存文件。

2. 制作贺卡内页 2（幻灯片 3）

★ **步骤 25** 分析内页 2 各部分内容的动画。故事中的小女孩说完"我采一束"，从右侧的场外走路上场，走到页面（花园）中间，原地踏步，继续说"最芬芳的康乃馨"，然后向左侧走路下场。因此，小女孩在右侧场外候场；走路上场、下场用"动作路径"制作。内页 2 的文、图出场顺序依次为："我采一束"→小女孩走路上场 → "最芬芳的康乃馨"→走路下场。

★ **步骤 26** 制作内页 2 文字。在幻灯片窗格中选择第 3 张幻灯片（内页 2），用文本框制作文字"我采一束""最芬芳的康乃馨"，格式：楷体，48 号，加粗，蓝色，文字位置、动画效果与内页 1 相同。

★ **步骤 27** 插入图片"走路 2.gif"（会走路的动画图片.gif）。图片高度为 11.5 厘米，初始位置在页面右侧场外，与页面底线平齐，如图 2-22 所示。

图 2-22　图片大小和位置

★ **步骤 28** 制作小女孩走路上场的动画（动作路径）。选中"走路 2"图片，单击"添加动画"按钮，选择"其他动作路径"，在"添加动作路径"列表中选择"向左"，如图 2-23 所示，单击"确定"。

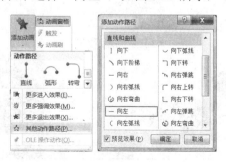

图 2-23　设置图片动作路径

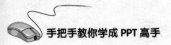

生成的路径如图 2-24 所示。绿色三角◀表示路径的起点，红色三角▮◀表示路径的终点，黑色虚线表示动作的路线（移动轨迹）。设置了动作路径的图片会沿着黑色路线从绿色起点运动到红色终点。

从图 2-24 可以看出，路径的终点没到页面（花园）中间，所以需要改变动作路径的终点位置。

图 2-24　动作路径——向左

★ **步骤 29**　改变动作路径的终点位置。单击路径线，路径线的起点和终点出现控制点，此时路径为选中状态，可以改变路径的设置。拖动路径的红色终点▮◀的控制点，向左平移到页面的中间，可改变路径的终点位置，如图 2-25 所示。起点位置不能动，否则图片在移动前会跳跃。

图 2-25　设置动作路径的终点位置

★ **步骤 30**　设置动作路径的动画要素。在"动画窗格"中，选中路径动画，设置开始为"之后"，持续时间为"3.00 秒"（慢速）。单击◆按钮，上移动画，调整动画的顺序为第 2 个出场。

★ **步骤 31**　放映幻灯片，观看图片动作路径的动画效果，动作路径的动画应移动平稳、不拖沓、不延缓。不合适的动作路径或动画选项可以修改，直到合适为止。

★ **步骤 32**　同样的原理和方法，制作小女孩走路下场的动画（动作路径），动画顺序为最后出场，终点位置为完全走出场外，如图 2-26 所示。放映观看内页 2 的全部动画效果并调整修改。

图 2-26　内页 2 的文、图位置及动画效果

至此，贺卡内页 2 制作完成，保存文件。

3.　制作贺卡内页 3（幻灯片 4）

★ **步骤 33**　分析内页 3 各部分内容的动画。内页 2 讲到小女孩采了一束康乃馨，离开了花园，去哪了？去做什么？进入内页 3 的故事情节，小女孩把这束花送给妈妈，因此妈妈出场，花别在妈妈衣襟上。

内页 3 的文、图出场顺序依次为："别在母亲"→妈妈出场→"……衣襟上"→花向右上方移动到妈妈的衣襟上。

★ **步骤 34**　制作内页 3 的文字、图片及动画，如图 2-27 所示。文字格式、位置、动画效果与内页 2 相同。图片大小、位置、动作路径如图 2-27 所示。

内页 3 制作完成的动画效果如图 2-28 所示，放映观看，修改调整，

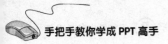

保存文件。

图 2-27 贺卡内页 3 的文、图位置及动画效果

元素及顺序	格式	动画效果	效果选项	开始	持续时间
别在母亲	楷 48 粗蓝	淡出	按字母 30%	之后	1.50 秒
妈妈图片	高 14 厘米	淡出		之后	1.50 秒
……衣襟上	楷 48 粗蓝	淡出	按字母 30%	之后	1.50 秒
康乃馨图片	高 3.2 厘米	路径（对角线向右上）		之后	2.00 秒

图 2-28 内页 3 的文、图动画

4. 制作贺卡内页 3（幻灯片 4）的蝴蝶飞舞

花园里一前一后飞来两只蝴蝶，似乎也在祝福妈妈节日快乐，烘托母亲节的节日气氛，掀起故事的第 1 个高潮。

分析内页 3 蝴蝶飞舞的动画：蝴蝶飞舞的路径是自由曲线；飞进花园（入场）时刻为一前一后，蝴蝶 2 晚一会儿出场，需设置延迟时长。

① 延迟：以某个时间点为基准，向后推迟一个时间段。

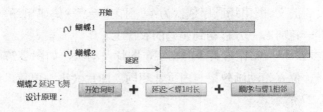

图 2-29 蝴蝶 2 延迟飞舞的设计原理

② 蝴蝶 2 延迟入场的设计原理：蝴蝶 2 以蝴蝶 1 入场的时间为基准点（设置蝴蝶 2 的开始为"与上一动画同时"）；向后推迟一个时间段 2 秒（设置蝴蝶 2 的动画延迟"2 秒"），就可以实现蝴蝶 2 比蝴蝶 1 晚一会儿飞入场，如图 2-29 所示。

③ 内页 3 中蝴蝶采用的动画技术：自定义路径动画+蝴蝶 2 延迟

★ **步骤 35** 插入蝴蝶图片，设置格式。插入蝴蝶 1，2 的图片，设置蝴蝶 1、2 的格式：高 1.6～1.85 厘米；位置：两只蝴蝶分别在舞台的两侧；蝴蝶的方向：头朝向飞舞的前方（与自定义路径的前进方向一致），蝴蝶就会头朝前飞。如图 2-30 所示。

图 2-30　插入蝴蝶图片，设置格式

★ **步骤 36** 绘制蝴蝶 1 的自定义路径。选中蝴蝶 1，单击"添加动画"按钮→（动作路径）自定义路径，鼠标变成十字形，按住鼠标左键，鼠标变成铅笔，画出蝴蝶飞舞的曲线路线，如图 2-31 所示。

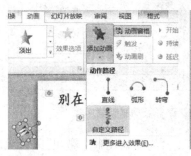

图 2-31　绘制蝴蝶飞舞的自定义路径

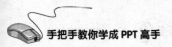

提示：绘制自定义路径时，尽量保持同一方向，不要两个方向来回画、转圈画，蝴蝶就不会中途倒着飞、横着飞。

★ **步骤 37** 设置蝴蝶 1 的动画要素，开始：上一动画之后；持续时间：5.00 秒；动画顺序：在康乃馨后面。如图 2-32 所示。

★ **步骤 38** 放映，观看蝴蝶 1 飞舞的动画效果，调整蝴蝶 1 大小、方向，修改路径线、动画要素，再放映观看，修改……，保存文件。至此，蝴蝶 1 的自由飞舞效果制作完成。

★ **步骤 39** 同样的方法，绘制蝴蝶 2 的自定义路径，设置蝴蝶 2 的动画要素，开始：与上一动画同时；持续时间：5.00 秒；延迟：2.00 秒；动画顺序：在蝴蝶 1 后面。如图 2-33 所示。

图 2-32　蝴蝶 1 动画要素

图 2-33　蝴蝶 2 的自定义路径及动画要素

★ **步骤 40** 放映，观看蝴蝶 2 飞舞的动画及延迟效果，调整蝴蝶 2 大小、方向，修改路径线、调整动画要素（开始、持续时间、延迟时长、动画顺序），再放映观看，修改……，保存文件。

至此，内页 3 中两只蝴蝶的自由延迟飞舞全部制作完成，观看作品，保存文件。

5. 制作贺卡内页 4（幻灯片 5）

★ **步骤** 41 分析内页 4 各部分内容的动画。场景转换到草坪（场景二），进入内页 4 的故事情节，小女孩抱着一盆花，从右侧的场外走到页面（草坪）中间，停在原地不动，跟妈妈说心里话，表达对妈妈的爱、感谢和感恩！

因此，小女孩在右侧场外候场（会走路的动画图片"走路 1.gif"）；走路上场用"动作路径"制作；"停在原地不动"用静止不动的图片（"女孩 1.gif"）制作，瞬间代替走路的图片（走路图片隐藏）。内页 4 的图、文出场顺序依次为：小女孩走路上场→停在原地不动→跟妈妈说"妈妈……爱您！"。

★ **步骤** 42 制作内页 4 的图片、文字及动画，如图 2-34 所示。文字格式（首行缩进 1.6 厘米）、位置、图片大小、位置、动作路径、制作完成的效果如图 2-34 所示。

图 2-34 贺卡内页 4 的图、文位置及动画效果

"女孩 1.gif"图片中心点的位置与"走路 1.gif"路径终点应该重合，放映时女孩从走路到停止会平稳立定、过渡自然；否则会跳跃、向前或向后蹦、很不自然，会穿帮。文字的动画应该简单、快速，不

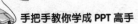

拖沓、不延缓。

内页 4 的图、文动画如图 2-35 所示。放映观看，修改调整，保存文件。

元素及顺序	格式	动画效果	效果选项	开始	持续时间
走路 1.gif	高 11.5 厘米	路径(向左)	动画播放后隐藏	之后	3.00 秒
女孩 1.gif	高 11.5 厘米	出现		之后	自动
妈妈，我……	楷 28 粗红	擦除	自左侧，按字母 30%	之后	0.50 秒

图 2-35　内页 4 的图、文动画

6. 制作贺卡内页 5（幻灯片 6）

妈妈出场，聆听女儿送给自己的心声、感恩、感谢和祝福。

★ **步骤 43**　制作内页 5 的图片、文字及动画，如图 2-36 所示。文字格式（首行缩进 1.6 厘米）、文字位置、图片大小、图片位置及制作完成的效果如图 2-36 所示。文字的动画应该简单、快速，不拖沓、不延缓。

图 2-36　贺卡内页 5 的图、文位置及动画效果

元素及顺序	格式	动画效果	效果选项	开始	持续时间
妈妈图片	高 14 厘米	淡出		之后	2.00 秒
信纸图片	高 13 厘米	缩放	对象中心	之后	1.50 秒
花束图片	高 6 厘米	基本缩放	从屏幕底部缩小	之后	1.50 秒
文字	楷 28 粗红	擦除	自左侧，按字母 30%	之后	0.50 秒

图 2-37　内页 5 的图、文动画

内页 5 的图、文动画如图 2-37 所示。放映观看，修改调整，保存文件。

7. 制作贺卡内页 6（幻灯片 7）

最后一张内页，妈妈拥抱女儿出场，共述母女情深的感恩故事，女儿对妈妈的爱和祝福，让母女共奏心灵的交响曲、心灵产生共鸣。

★ **步骤 44**　制作内页 6 的图片、文字及动画，如图 2-38 所示。文字格式（首行缩进 1.6 厘米）、文字位置、图片大小、图片位置及制作完成的效果如图 2-38 所示。文字的动画应该简单、快速，不拖沓、不延缓。

图 2-38　贺卡内页 6 的图、文位置及动画效果

内页 6 的图、文动画如图 2-39 所示。放映观看，修改调整，保存文件。

元素及顺序	格式	动画效果	效果选项	开始	持续时间
母女图片	高 14 厘米	淡出		之后	1.50 秒
信纸图片	高 14.8 厘米	缩放	幻灯片中心	之后	1.50 秒
祝福语文字	楷 28 粗红	擦除	自顶部	之后	2.00 秒
签名	楷 24 粗蓝	擦除	自左侧	之后	1.00 秒
日期	楷 18 粗蓝	擦除	自左侧	之后	0.50 秒

图 2-39　内页 6 的图、文动画

四、制作贺卡封底（幻灯片 8）

封底再次祝福母亲，色调和祝福语与封面呼应，在女儿的温馨祝福和浓浓的节日氛围中结束贺卡！女儿用笔在封底签上自己的名字和日期，用"动作路径＋同步动画"制作。

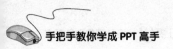

"Replay"超链接按钮链接到封面，实现重新播放。

1. 制作封底图文及动画

★ **步骤 45** 制作封底的图片、文字及动画，如图 2-40 所示。文字格式、文字位置、图片大小、图片位置及制作完成的效果如图 2-40 所示。祝福语的动画应该简洁、烘托主题、不拖沓、不延缓。"用笔签名"的同步动画应该同时开始、同时结束，持续时间、速度一致！

图 2-40　贺卡封底的图、文位置及动画效果

封底的图、文动画如图 2-41 所示。放映观看，修改调整，保存文件。

元素及顺序	格式	动画效果	效果选项	开始	持续时间	
妈妈	行楷 96 粗红	缩放	幻灯片中心	之后	1.00 秒	
祝	行楷 54 粗蓝	弹跳		之后	1.00 秒	
节日快乐	……					
铅笔图片	高 4.6 厘米	出现		之后	自动	
铅笔图片		路径（向右）	播放后隐藏	之后	3.00 秒	同步动画
签名	楷 24 粗蓝	擦除	自左侧	同时	3.00 秒 延迟 0.25 秒	
日期	楷 18 粗蓝	擦除	自左侧	之后	1.50 秒	
Replay	54 粗红	缩放	对象中心	之后	1.00 秒	

图 2-41　封底的图、文动画

2. 设置封底"Replay"的重播超链接

★ **步骤 46** 选中艺术字 **Replay**，单击"插入"选项卡的"超链接"按钮 ，在打开的"插入超链接"对话框中，选择"本文档中的位置"为"幻灯片 1"，单击"确定"按钮。

超链接在幻灯片放映时生效。鼠标放在 **Replay** 上，会变成小手形状 ，单击 **Replay** 会进入贺卡封面幻灯片，实现重播。

放映幻灯片，检测超链接效果，如果有链接错误，进行修改，直到链接准确为止。至此，贺卡的幻灯片全部制作完成，保存文件。

五、制作贺卡背景音乐

贺卡的背景音乐是全程伴随，从第 1 张幻灯片开始、自动播放、不间断、不停止、不用人为控制、循环播放的音乐。

PPT 2010 可插入的音频文件有：*.mid，*.mp3，*.wav，*.wma 等常用音频文件格式。这些格式的音频文件可以完全嵌入到 PowerPoint 2010 版的 pptx 文件中。

1. 插入音频文件

★ **步骤 47** 单击贺卡封面幻灯片，单击"插入"选项卡的"媒体"组的"音频"按钮 ，选择"文件中的音频"选项，如图 2-42 所示。

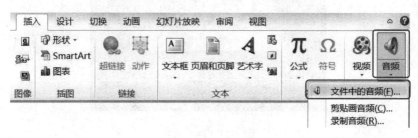

图 2-42 插入"音频"

★ **步骤 48** 在打开的"插入音频"对话框中选择需要插入的音频文件"妈妈我爱你伴奏.wav"，单击"插入"按钮，如图 2-43 所示。

插入音频文件后，封面幻灯片中会出现音频图标 （小喇叭）和播放控制栏，如图 2-44 所示，同时打开"音频工具/格式"选项卡。将音频图标 移到封面左侧位置或页面左侧场外，容易发现图标，方

便选定图标。

图 2-43　插入音频文件

图 2-44　音频图标

2. 设置音频文件的播放选项

★ **步骤 49**　设置自动、循环播放。选中贺卡封面的音频图标，
单击"音频工具/播放"选项卡，选择"开始"为"跨幻灯片播放"，
勾选"☑放映时隐藏"和"☑循环播放，直到停止"，如图 2-45 所示，
即可实现自动、循环、跨页播放音频文件；同时放映幻灯片时，不出

现音频的图标。

图 2-45　设置音频文件的播放选项

★ **步骤 50**　单击"音量"按钮，可以选择音量的大小或状态。

如果背景音乐需要剪裁或截取，可以单击"剪裁音频"按钮，在对话框中设置"开始时间""结束时间"，对音频文件进行精确的剪裁或截取，单击"播放"，可以听剪裁的效果。如图 2-46 所示。

图 2-46　剪裁音频

贺卡的背景音乐需要完整的音频，因此不用剪裁。至此，贺卡背景音乐的播放选项设置好了。

3. 设置音频文件的效果选项

★ **步骤 51**　调整音频的动画顺序。因为背景音乐与第 1 张封面幻灯片同步播放，所以音频动画应该在"动画窗格"的最上面（第 1 个动画）。

在"动画窗格"中，单击音频动画 ▢ 0 ▷ 妈妈我... ▼ ▢，单击上移🔼 按钮，将音频动画移至最上面，如图 2-47 所示。

★ **步骤 52**　设置音频的效果选项。在"动画窗格"中，单击"音

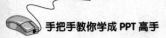

频"右边的箭头 `0 ▷ 妈妈我...  ▼`，在列表中选择"效果选项"，如
图 2-48 所示，打开"播放音频"对话框，如图 2-49 所示。

图 2-47　音频动画顺序

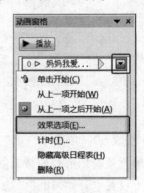

图 2-48　音频效果选项

★ **步骤 53**　设置停止播放的位置。为实现背景音乐全程、连续、
自动、跨页播放，需要设置音频的"开始播放"和"停止播放"位置。

图 2-49　音频停止播放的位置

"开始播放"为"◉ 从头开始(B)"；"停止播放"设置的幻灯片张
数应＞本幻灯片的总张数，例如本贺卡，音频停止播放在 8 张或 8 张

的整数倍之后。如图 2-49 所示，在对话框的"停止播放"列表中选择"◉ 在(F)：40 ⏶⏷ 张幻灯片后"，背景音乐会全程、连续、自动、跨页播放，无论单击鼠标、上下翻页都不会影响背景音乐的连续播放。

★ **步骤 54** 设置音频的计时选项。单击对话框的"计时"标签页，设置"开始"为"⏺ 上一动画之后"，如图 2-50 所示，则音频自动播放，不需要触发器、音频图标或单击鼠标控制播放。

图 2-50 设置音频的开始方式　　图 2-51 查看音频的嵌入信息

★ **步骤 55** 查看音频的设置选项。单击对话框的"音频设置"标签页，"信息"项显示的是"文件：[包含在演示文稿中]"，表示音频文件完全嵌入在 PPT 文件中，如图 2-51 所示（*.mid, *.mp3, *.wav, *.wma 格式的音频文件可以完全嵌入到 PowerPoint 2010 版的 pptx 文件中）。

之前设置了音频的播放选项为"☑放映时隐藏"，所以在"显示选项"中"☑放映时隐藏音频图标"被勾选，如图 2-51 所示。即幻灯片放映时，不出现音频图标🔈。

设置完成，单击"确定"按钮。

★ **步骤 56** 从头放映幻灯片🖵，测试背景音乐效果，应该自动、全程、连续、跨页、循环播放；重播时，音乐重新开始。如果有错误，

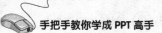

修改音频的各选项，直到播放准确为止。

提示　删除音频文件：选中音频图标🔊，按键盘上的 Delete
键，删除音频文件。

至此，贺卡的背景音乐制作完成，保存文件。

六、使用排练计时制作自动、流畅、连续放映的幻灯片

设置排练计时是为了准确设置各张幻灯片之间的切换、各种动画的出现时机，使幻灯片能自动、流畅、准确放映，以确保它满足特定的时间框架。排练计时记录演示每张幻灯片所需的放映时间，可以保存在演示文稿中。使用排练计时放映幻灯片时，使用记录的时间自动播放幻灯片。

★ **步骤 57**　单击"幻灯片放映"选项卡"设置"组的"排练计时"按钮，如图 2-52 所示。此时幻灯片进入从头放映状态，并且在左上角显示"录制"浮动工具栏，如图 2-53 所示，并且"幻灯片放映时间"框开始对演示文稿计时。

图 2-52　排练计时

图 2-53　"录制"工具栏

图 2-54　显示总时间，"保留排练时间"提示

　★ **步骤 58**　设置了最后一页的时间后，将出现一个消息框，如图 2-54 所示，其中显示演示文稿的总时间，并提示是否保存排练时间，单击"是"按钮保存排练时间，同时切换到"幻灯片浏览"视图，显示演示文稿中每张幻灯片放映所需的时间，如作品图所示。

　★ **步骤 59**　单击"切换"选项卡，每页设置的排练时间，显示在"换片方式"中，如图 2-55 所示。

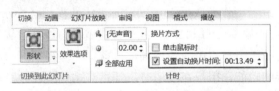

图 2-55　"切换"选项卡，换片时间

　★ **步骤 60**　修改某一页幻灯片的排练计时。选中需要修改的幻灯片，单击"幻灯片放映"选项卡"设置"组的"录制幻灯片演示"按钮，选择"从当前幻灯片开始录制"，如图 2-56 所示，即可重新录制某一页的排练计时，不影响其他页面的计时。按键盘的 Esc 键结束录制。

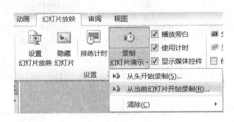

图 2-56　录制当前幻灯片

> 　　有超链接的页面,如贺卡封底(结束页面),在录制"排练计时"时,需要停留时间长一些(1分钟左右),便于单击超链接按钮选择不同内容。

★ **步骤 61** 在"幻灯片放映"选项卡中勾选"使用计时"。从头放映，观看自动、流畅、连续放映效果的音乐动态贺卡,如有不合适的时间,如动画出场时机、动画时长、延迟时长、各页面之间的切换等,可以重新录制排练计时,直到合适、满意为止。

至此,音乐动态贺卡全部制作完成,保存文件。将自己制作的母亲节贺卡寄给自己的妈妈,感谢母爱,祝福母亲!

七、发布贺卡视频

母亲节贺卡制作完成后,可以发布为线性视频(*.wmv 或*.mp4 格式)、交互视频(*.swf 格式)。线性视频就是直线式,从头到尾一直播放,不会随着用户点击而改变播放段落;交互视频也叫互动视频,含有超链接的功能,用户在观看时,通过点击调整视频段落,实现交互。它们的制作方法和播放方式如图 2-57 所示。

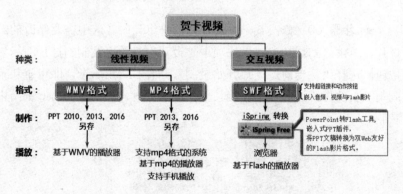

图 2-57　视频种类、格式及制作方法、播放方式

1. PowerPoint 转视频(线性视频)

(1)PowerPoint 2010, 2013, 2016 可以将演示文稿保存为"*.wmv"

格式的视频文件，几乎能将所有的动画、切换效果、声音、视频、排练计时全保真转化，但超链接无法转换。

在 PPT 2010，2013，2016 中制作 WMV 格式的线性视频文件：

文件 ➡ 另存为 ➡ 文件格式：WMV 🎀母亲节贺卡.wmv

◆ **操作方法**：单击"文件"→另存为，选择文件保存位置，设置视频文件名称，在"保存类型"列表中选择"Windows Media 视频（*.wmv）"，如图 2-58 所示。

图 2-58　另存为 wmv 视频文件　　　图 2-59　另存为 mp4 视频文件

（2）PowerPoint 2013，2016 还可以将演示文稿另存为"*.mp4"格式的视频文件，mp4 视频文件支持手机播放。mp4 同样无法转化超链接。

在 PPT 2013，2016 中制作 MP4 格式的线性视频文件（支持手机播放）：

文件 ➡ 另存为 ➡ 文件格式：MP4 🖥母亲节贺卡.mp4

◆ **操作方法**：在 PowerPoint 2013，2016 中，单击"文件"→另存为，选择文件保存位置，输入视频文件名称，在"保存类型"列表中选择"MPEG-4 视频（*.mp4）"，如图 2-59 所示。

2. PowerPoint 转 Flash（交互视频）

使用嵌入式 PPT 插件 iSpring，可以将 PPT 转换为 Flash 文件

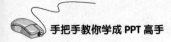

"*.swf"，容量小，高保真，将 PPT 所有的动画、切换效果、声音、视频、排练计时、超链接、动作按钮等全部高保真转化，成为具有交互功能的视频文件。

在 PPT 2010、PPT 2013、PPT 2016 中制作 SWF 格式的交互视频文件（浏览器播放）：

归纳总结

1. 总结动态贺卡的结构组成及各页内容

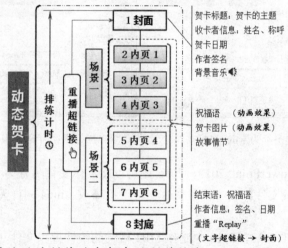

2. 总结设计制作动态贺卡的制作技术

① 设置幻灯片背景图片；

② 设置幻灯片切换效果；

③ 设置动作路径动画；

④ 制作背景音乐；

⑤ 设置排练计时。

3. 总结演示文稿中的动画类型、用法、制作工具及效果选项（见表 2-1）

表 2-1 演示文稿中的动画类型、用法、制作工具及效果选项

动画类型	幻灯片切换动画，简称切换	对象动画，简称动画
含义	两页幻灯片之间的动态过渡效果	幻灯片页面内，某一对象（文本、图片、形状、表格、SmartArt 图形和其他对象）的动态变化的视觉效果。 包括：①进入动画；②强调动画；③退出动画；④动作路径
用法	用于更换不同场景时幻灯片之间的转场（不要每页都用）	用于提示重点、显示逻辑关系、引导观众注意等。 ① 进入动画（进入屏幕时）； ② 强调动画（增加醒目效果）； ③ 退出动画（退出屏幕时）； ④ 动作路径（动画的运动轨迹）
制作工具	"切换"选项卡	"动画"选项卡，动画窗格
效果选项	切换动画要素： ① 切换效果选项； ② 声音； ③ 持续时间； ④ 换片方式	动画五要素： ① 动画效果选项； ② 开始方式； ③ 持续时间； ④ 动画顺序； ⑤ 延迟时长

4. 总结演示文稿中的动画计时选项（见表 2-2）

表 2-2 演示文稿中的动画计时选项

动画时间轴	动画计时选项	动画标记	动画播放效果
点击发生	单击时	当前动画序号为上一动画序号+1	单击鼠标左键，或按回车键，或按 ↓ 播放
连续发生	上一动画之后	与上一动画序号相同（动画窗格无标记）	上一动画播放后自动开始播放
同时发生	与上一动画同时	与上一动画序号相同（动画窗格无标记）	与上一动画同时开始播放
间隔发生	延迟	与上一动画序号相同（动画窗格无标记）	上一动画播放后间隔一个时间段开始播放
动画时长	持续时间	时间轴的橙色矩形区域 1 ▶ 标题1: □	动画播放的速度，设置时间越长，速度越慢

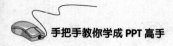
评价反馈

作品完成后，填写表 2-3 所示的评价表。

表 2-3 "设计制作动态贺卡"评价表

评价模块	学习目标	评价项目	自评
专业能力	1. 管理 PowerPoint 文件：新建、另存、命名、打开、保存、关闭文件		
	2. 制作贺卡框架结构	设置幻灯片版式、幻灯片背景	
		复制场景幻灯片（含版式、背景）	
		设置不同场景幻灯片的切换效果	
	3. 制作贺卡封面	制作贺卡艺术字标题及动画效果	
		制作文本框日期、签名及动画效果	
		贺卡封面的版面设计	
	4. 制作内页 1、内页 2	制作内页文字及动画效果	
		女孩走路上场、下场的动作路径	
		内页 1、内页 2 的版面设计	
	5. 制作内页 3	制作文字、图片及动画效果	
		制作 2 只蝴蝶自由、延迟飞舞的动画	
		内页 3 的版面设计	
	6. 制作内页 4	制作文字及动画效果	
		制作女孩走上场、立定不动	
		内页 4 的版面设计	
	7. 制作内页 5、内页 6	制作文字、图片及动画效果	
		内页 5、内页 6 的版面设计	
	8. 制作封底	制作文字及动画效果	
		制作"用笔签名"的动画效果	
		制作"Replay"的重播超链接	
		封底的版面设计	
	9. 放映幻灯片：从头放映、放映当前、结束放映幻灯片		
	10. 制作贺卡背景音乐：插入音频、设置播放选项、动画效果		
	11. 录制贺卡排练计时		
	12. 转成视频或 Flash 文件		

续表

评价模块	评 价 项 目	自我体验、感受、反思		
可持续发展能力	自主探究学习、自我提高、掌握新技术	□很感兴趣	□比较困难	□不感兴趣
	独立思考、分析问题、解决问题	□很感兴趣	□比较困难	□不感兴趣
	应用已学知识与技能	□熟练应用	□查阅资料	已经遗忘
	遇到困难，查阅资料学习，请教他人解决	□主动学习	□比较困难	□不感兴趣
	总结规律，应用规律	□很感兴趣	□比较困难	□不感兴趣
	自我评价，听取他人建议，勇于改错、修正	□很愿意	□比较困难	□不愿意
	将知识技能迁移到新情境解决新问题，有创新	□很感兴趣	□比较困难	□不感兴趣
社会能力	能指导、帮助同伴，愿意协作、互助	□很感兴趣	□比较困难	□不感兴趣
	愿意交流、展示、讲解、示范、分享	□很感兴趣	□比较困难	□不感兴趣
	敢于发表不同见解	□敢于发表	□比较困难	□不感兴趣
	工作态度，工作习惯，责任感	□好	□正在养成	□很少
成果与收获	实施与完成任务	□☺独立完成	□☺合作完成	□☹不能完成
	体验与探索	□☺收获很大	□☺比较困难	□☹不感兴趣
	疑难问题与建议			
	努力方向			

复习思考

1. 如何复制含有背景图的幻灯片？

2. 如何制作幻灯片的背景音乐？如何让背景音乐自动、流畅、全程、跨页播放？

3. 排练计时的功能和目的是什么？

拓展实训

选择一个主题，收集相关的各种媒体素材，制作一个有故事情节、有动画效果、连续、自动播放的动画片。

任务③ 设计制作MV

知识目标

1. MV 的结构组成；
2. 制作 MV 框架的方法；
3. 制作倒计时提示动画的方法；
4. 制作歌词文字变色的方法；
5. 制作图片与歌词文字同步变化的方法；
6. 插入视频、设置视频选项的方法；
7. 插入原唱和伴奏音频、设置音频选项的方法；
8. 使用排练计时录制歌曲图文声像同步变化的方法。

能力目标

1. 能在 PowerPoint 中设计制作 MV；
2. 能制作 MV 的框架；
3. 能制作歌曲开始前的倒计时提示动画效果；
4. 能制作歌词文字变色的效果；
5. 能制作图片与歌词文字同步变化效果；
6. 能在 MV 中插入视频；
7. 能制作原唱和伴奏音频；
8. 能录制歌曲的图文声像同步变化效果。

学习重点

1. 制作 MV 框架的方法；
2. 制作倒计时提示标志、文字变色、图文同步变化、歌曲的图文声像同步变化的方法。

MV 是 Music Video（音乐录影带）的缩写，就是人们平常看到的音乐电视。用最精美的画面配合音乐，把对音乐的解读同时用电视画面呈现的一种艺术形式。使原本只是听觉艺术的歌曲，变为视觉和听觉结合的一种崭新的艺术样式。MV 要从音乐的角度创作画面，而不是从画面的角度去理解音乐。

MV 是作品的概念，MTV 是电视台的称呼。MV 最经典的作品是1982 年 Michael Jackson（迈克尔·杰克逊）的专辑"THRILLER（颤栗）"，在美国的 MTV 电视台首次播出，标志着 MV 这一艺术形式的诞生。迈克尔·杰克逊是现代 MV 音乐的创始人与里程碑。从此，音乐与画面结合起来，带给人们全新的享受。

MV 的创意方法：以歌词内容为创作蓝本，追求歌词中提供的画面意境，以及故事情节，并且设置相应的镜头画面。

本任务以诗词歌曲《咏鹅》为例，应用 PowerPoint 2010 设计制作MV，将精美的画面与歌曲、歌词合为一体，使用歌曲开头倒计时、文字变色、图文同步动画效果，结合排练计时的使用，使 MV 精美、准确、流畅。

背景介绍：晨晨非常喜欢唱歌、跳舞，下个月要去幼儿园实习，正值春暖花开的春季，望着窗外的春江水暖，各种"春"的歌舞在她脑海里萦绕……对了，给小朋友带去一首谷建芬作曲的诗词儿歌《咏鹅》吧，可以开展语言、艺术、科学、社会、健康等领域相结合的主题活动……想到这，她开始收集资料，着手制作诗词儿歌《咏鹅》MV。

提出任务：在 PowerPoint 2010 中设计、制作诗词儿歌 MV《咏鹅》，包括原唱和伴奏两部分，分别制作倒计时、歌曲图文声像同步变化等MV 的动画效果。

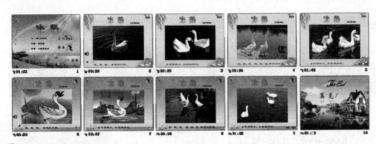

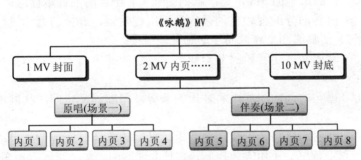

1. MV 的结构组成

《咏鹅》MV 的框架结构如图 3-1 所示，包含以下部分：MV 封面、MV 内页（多张）、MV 封底。其中 MV 内页包含两个场景，即原唱（场景一）和伴奏（场景二），每个场景有 4 页 MV 内页。

图 3-1   MV 框架结构

MV 内页的页数可以根据歌曲的结构、歌词的内容决定，本任务制作原唱 4 页内页、伴奏 4 页内页的 MV（总计 10 页幻灯片）。《咏鹅》MV 演示文稿的组成部分如图 3-2 所示。

MV 封面有标题（歌曲的名称）、词曲作者、演唱者、MV 作者信息，封面上还有选择"原唱"或"伴奏"的按钮；每段歌词的开头页面有倒计时标志，有音频，有视频，每张内页的歌词文字、图片跟着音乐的节奏同步变化；歌词的最后一页有"返回""结束"的超链接；MV 封底有结束语、作者信息。

图 3-2　MV 结构及组成

2. MV 幻灯片的组成元素

MV 内页幻灯片由歌词文字部分、图片部分、视频、歌曲音乐和图文声像同步变化的动画、超链接组成。歌曲音乐可以选择原唱歌曲和伴奏音乐，分别制作 MV。每张幻灯片的具体组成内容和动画效果在制作时详细分析。

3. MV 各部分内容的动画效果、特点

① 作品所示的 MV，每段歌词的开头有倒计时的提示标志；

② 前奏部分的视频自动播放、不用触发器，并能与音乐过门的倒计时、演唱的图文声像同步动画合理衔接；

③ 歌词文字随音乐的节奏变色，变色的速度与音乐的节拍快慢吻合；

④ 每句歌词的图片跟着音乐的节奏，跟歌词文字同时（同步）变换；

⑤ 歌曲的原唱音乐或伴奏音乐，采用排练计时实现全程自动播放、连续、流畅、不用人为控制，并且歌词的图、文随音乐同步变化。

4. 制作 MV 的重点技术

① 倒计时标志——进入→出现，下次单击后隐藏；

② 前奏视频——自动播放，不需要触发器，与后续动画合理衔接；

③ 文字变色——强调动画→字体颜色（动画 1）；

④ 同步动画——图片（动画 2）的"开始"：与上一动画同时；

⑤ 图文声像同步——排练计时。

以上分析的是 MV 的结构、幻灯片组成部分、各部分内容的动画特点、重点制作技术等，下面重点学习 MV 中倒计时、歌词图文声像同步变化的操作步骤和操作方法。

 完成任务

准备工作：

1．收集《咏鹅》的歌曲音乐、歌词、视频等文件，根据音乐和歌词内容，收集、分类、整理并精选制作《咏鹅》MV 的图片文件（图片可以经过 Photoshop 编辑、预处理），放在专门的文件夹中备用。

2．启动 PowerPoint 2010，将新文件另存，命名。

3．按 MV 的框架结构制作 MV 的每张幻灯片的背景，共 10 页幻灯片，四种背景图，如图 3-3 所示。

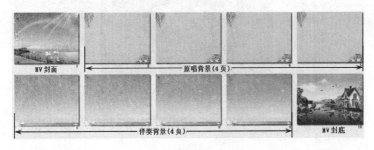

图 3-3　MV 框架及背景

4．制作 MV 封面、原唱内页 4 页、伴奏内页 4 页、封底每页幻灯片的图片和文字内容，如作品图所示，封面如图 3-4 所示。

图 3-4　MV 封面

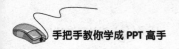

一、制作第 1 段歌词开头的倒计时标志

★ **步骤** 1　在原唱内页 1（幻灯片 2）的第 1 段歌词上方制作三个圆形，颜色从左向右分别为红色、黄色、绿色；大小为：高 0.6 厘米，宽 0.6 厘米；位置在歌词左上方，形状样式为"圆棱台"立体效果，如图 3-5 所示。

图 3-5　原唱内页 1

★ **步骤** 2　分析倒计时提示标志的动画。歌词倒计时的提示标志，在音乐前奏时不出现，在演唱之前的音乐过门时刻，跟着节拍闪烁一次表示提示，然后消失，不是永久停留在页面内，所以应设置圆形的动画效果为"进入→出现"，下次单击后隐藏。出现的顺序为：从左向右依次红色、黄色、绿色。

★ **步骤** 3　设置圆形的动画效果。选中红色圆形，在"动画"选项卡中，打开动画窗格，单击"添加动画"按钮，在打开的列表中选择"进入"方式的"出现"效果，"开始"为"单击时"，持续时间为"自动"，如图 3-6 所示。

★ **步骤** 4　设置圆形动画的"效果选项"。在动画窗格的列表中，单击红色圆形"出现"动画 `1 ✴ 椭圆 1      ▼` 右边的箭头，在打开的列表中选择"效果选项"，打开"出现"的"效果选项"对话框，选择

"动画播放后"为"下次单击后隐藏",如图 3-7 所示。单击"确定"按钮。

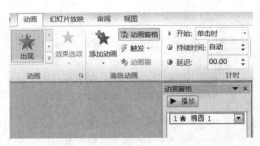

图 3-6　红色圆形的动画效果

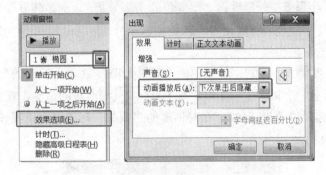

图 3-7　"出现"动画的效果选项

★ **步骤 5**　同样的方法依次设置黄色、绿色圆形的动画效果为"出现""单击时""下次单击后隐藏"。

★ **步骤 6**　放映幻灯片,测试倒计时提示标志的动画效果,不合适的动画效果或选项可以修改,直到合适为止。保存文件。

同样的方法,可以制作第 2 段、第 3 段……的歌词和伴奏各段歌词开头的倒计时标志。

二、制作歌词的文字变色效果

★ **步骤 7**　设置歌词文字的变色动画。在原唱内页 1(幻灯片 2)中,选中第一句歌词文字"鹅,鹅,鹅",在"动画"选项卡中,单击

"添加动画"按钮，在打开的列表中选择"强调"方式的"字体颜色"效果，"开始"为"单击时"，先不设置"持续时间"，如图 3-8 所示。

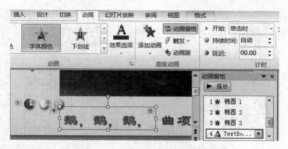

图 3-8 歌词文字的动画效果

★ **步骤 8** 分析歌词文字变色的动画效果。歌词是随着音乐的节奏同步逐字变色，所以设置动画效果选项为"按字母"，变色的速度应与音乐的节拍快慢吻合。

★ **步骤 9** 设置字体颜色的"效果选项"。在动画窗格的列表中，单击歌词"字体颜色"动画 4 Ａ TextBo...▼ 右边的箭头，在打开的列表中选择"效果选项"，在对话框的"效果"标签页中设置各选项，如图 3-9 所示。

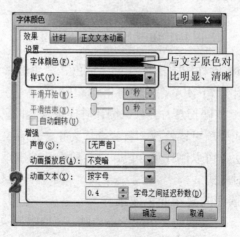

图 3-9 歌词字体颜色的"效果"选项

其中，（1）变色后的"字体颜色"选择一种与文字原色对比明显、清晰的颜色，比如：文字原色为红色，变色后的颜色可以选绿色、深蓝色等。"样式"选择前后一致的纯色效果，不要选渐变效果。（2）动画文本的"字母之间延迟秒数"可以调整歌词文字变色的速度，数字越大，文字变色速度越慢；数字越小，变色速度越快。

★ **步骤** 10　设置字体颜色的"计时"。单击字体颜色对话框的"计时"标签，设置"期间"如图 3-10 所示。单击"确定"按钮，则持续时间变为"自动"（图 3-8）。

图 3-10　歌词字体颜色的"计时"

★ **步骤** 11　放映幻灯片，观看歌词的文字变色效果，修改不合适的动画效果或选项，直到合适为止。至此，第一句歌词的文字变色动画效果制作完成，保存文件。

★ **步骤** 12　同样的方法设置每一句歌词的动画效果和效果选项。歌词文字变色的放映效果如图 3-11 所示。

鹅，鹅，鹅，　曲项向天歌，

图 3-11　歌词文字变色的放映效果

★ **步骤** 13　根据歌曲演唱的速度和节奏，调整每句歌词的"字

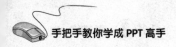

母之间延迟秒数"，控制歌词文字变色的速度与歌唱节奏吻合。放映，观看，修改，保存文件。

三、制作歌词画面（图片）与文字的同步动画

MV 的创意方法：从音乐的角度创作画面，以歌词内容为创作蓝本，为每句歌词制作画面意境以及故事情节相同的镜头画面（图片），即图文一致。比如"鹅，鹅，鹅"对应的图片是各种形态的鹅；"曲项向天歌"对应的图片应表现鹅美丽、弯曲的脖颈对天高歌的形态；"白毛浮绿水"对应的图片应展现一身羽毛洁白的鹅浮游在碧波荡漾的水面上；"红掌拨清波"对应的图片应展现透过清澈的水面看到鹅红色的脚掌拨动着清澈的水波。

★ **步骤** 14　分析图片与文字（相邻两个动画）同步动画的设计原理：相邻两个动画的开始时机是同一时刻。因此，将第一个动画（文字动画）的"开始"设置为"单击时"；第二个动画（图片动画）的"开始"设置为"与上一动画同时"，则图片跟文字动画同时开始，实现图文同步的效果，如图 3-12 所示。

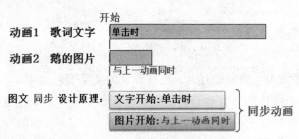

图 3-12　同步动画设计原理

★ **步骤** 15　设置图片动画效果。在原唱内页 1（幻灯片 2）中，选中第一句歌词对应的图片，设置一种"进入"的动画效果，比如"擦除"。图片动画应该简单、快捷、合理，不拖沓、不延缓。

★ **步骤** 16　设置图片与文字同步。设置图片动画的各要素如图 3-13 所示，方向：自左侧；开始：与上一动画同时；持续时间：0.75

秒（入场速度）；动画顺序：文字动画的下面（相邻）。

★ **步骤 17** 放映幻灯片，观看图片与歌词文字同步变化的动画效果，修改不合适的动画效果或选项，直到合适为止。保存文件。

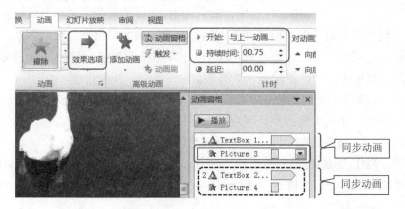

图 3-13 歌词图片与文字动画同步

★ **步骤 18** 同样的方法，为每一句歌词制作一幅意境及故事情节吻合的图片，同一页面中的图片大小、位置相同（可以利用"参考线"精确定位）。设置图片的动画效果（简单、快捷、合理，不拖沓、不延缓）和图文同步的动画效果选项，文、图动画顺序如图 3-13 所示（两句歌词，两组图文同步动画）。放映，观看，修改，保存文件。

提示   歌词图片的动画效果可选择擦除（自左侧）、劈裂（中央向左右）、形状（圆形 缩小）、浮入（上浮）、展开、淡出、缩放（对象中心）等简单合理的动画效果。持续时间为 0.75 秒。

至此，《咏鹅》MV 的原唱部分的幻灯片图文内容及动画制作完成，如作品图所示。

★ **步骤 19** 同样的方法，制作《咏鹅》MV 的伴奏部分[内页 5（幻灯片 6）至内页 8（幻灯片 9）]所有页面的图文内容及动画：歌词

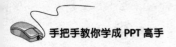

开头的倒计时标志、歌词文字变色效果、每句歌词的图文同步动画等，如作品图所示。

四、制作前奏的视频

《咏鹅》的原唱和伴奏中，最前面有 13 秒的前奏，这部分既没有歌词也没有对应的画面，如果不制作内容，页面显得有点空。因此，可以在演唱之前的前奏部分，加入一小段咏鹅的视频，这样可以让《咏鹅》MV 更生动、更精彩、更有趣。

前奏部分的视频是只在原唱内页 1（幻灯片 2）中自动播放、不间断、不停止、不用人为控制、不用触发器控制的视频，并能与音乐过门的倒计时、演唱的图文同步，动画自然过渡，合理衔接。

PPT 2010 可插入的视频文件有：*.wmv、*.mp4、*.mpeg、*.swf 等常用视频文件格式。*.wmv 格式的视频文件可以完全嵌入到 PowerPoint 2010 版的 pptx 文件中。

1. 插入视频文件

★ **步骤 20**　在原唱内页 1（幻灯片 2）中，将两句歌词的图片隐藏。单击"插入"选项卡的"媒体"组的"视频"按钮，选择"文件中的视频"选项，如图 3-14 所示。

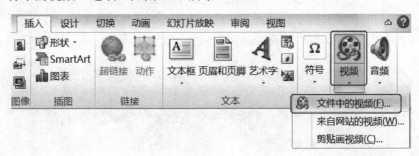

图 3-14　插入"视频"

★ **步骤 21**　在打开的"插入视频文件"对话框中选择需要插入的视频文件"咏鹅 1-视频.wmv"，单击"插入"按钮，如图 3-15 所示。

图 3-15　插入视频文件

插入视频文件后，原唱内页 1（幻灯片 2）中会出现视频画面和播放控制栏，如图 3-16 所示，同时打开"视频工具/格式"选项卡。

图 3-16　视频的格式

★ **步骤 22**　设置视频的格式。在"视频工具/格式"选项卡中，设置视频的宽度为 19 厘米（与歌词图片等宽），视频位置为：对齐幻灯片→左右居中→上下居中（或者：利用参考线，将视频与歌词图片对齐对准）；视频图层为：下移一层→置于底层（在 2 张歌词图片的最

下层），如图 3-16 所示。

2. 设置视频文件的播放选项

★ **步骤 23** 设置自动、静音播放。选中视频画面，单击"视频工具/播放"选项卡，选择"开始"为"自动"；单击"音量"按钮，选择"音量"为"静音"，如图 3-17 所示，即可实现自动、静音播放视频文件，不用人为控制，也不用触发器控制。

图 3-17　设置视频文件的播放选项

★ **步骤 24** 裁剪视频。《咏鹅》的原唱和伴奏中，最前面有 13 秒的前奏，而"咏鹅 1-视频.wmv"文件总时长为 38 秒，为了与音乐过门的倒计时、演唱的图文同步动画自然过渡、合理衔接，最好将视频裁剪为需要的、合适的时长。

图 3-18　剪裁视频

单击"剪裁视频"按钮，在对话框中通过播放观看，设置合适的"开始时间""结束时间"，对视频文件进行精确的剪裁或截取，裁剪出一段与前奏情节恰当、合理的 13 秒的视频，单击"播放"，可以观看剪裁的效果，如图 3-18 所示。裁剪不合适的，可以重新设置"开始时间""结束时间"。

至此，MV 原唱的前奏视频的播放选项设置好了。

3. 设置视频文件的效果选项

★ **步骤 25** 调整视频的动画顺序。因为视频文件与原唱内页 1（幻灯片 2）同步播放，所以视频动画应该在"动画窗格"的最上面（第 1 个动画）。

在"动画窗格"中，单击视频动画 `0 ▷ 咏鹅1-视... ▼`，单击上移 ⬆ 按钮，将视频动画移至最上面；并将"动画窗格"中最下面的"触发器" `触发器: 咏鹅1-视...` `1 00 咏鹅1-视... ▼` 删除，如图 3-19 所示。

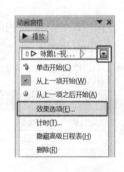

图 3-19 视频动画顺序　　　　　图 3-20 视频效果选项

★ **步骤 26** 设置视频的效果选项。在"动画窗格"中，单击"视频"右边的箭头 `0 ▷ 咏鹅1-视... ▼`，在列表中选择"效果选项"，如图 3-20 所示，打开"播放视频"对话框，如图 3-21 所示。

★ **步骤 27** 设置停止播放的位置。为实现视频自动播放，需要设置视频的"开始播放"和"停止播放"位置。

"开始播放"为"◉ 从头开始(B)"；"停止播放"设置为

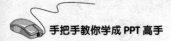

"⦿当前幻灯片之后",如图 3-21 所示,视频会自动播放,不用人为控制,也不用触发器控制。

图 3-21　视频停止播放的位置

★ **步骤 28**　设置视频的计时选项。单击对话框的"计时"标签页,设置"开始(S)"为"与上一动画同时",如图 3-22 所示,则视频自动播放,不需要触发器或单击鼠标控制播放。

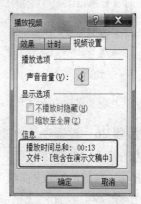

图 3-22　设置视频的开始方式　　图 3-23　查看视频的嵌入信息

★ **步骤 29**　查看视频的设置选项。单击对话框的"视频设置"

标签页，"信息"项显示的是"文件：[包含在演示文稿中]"，表示视频文件完全嵌入在 PPT 文件中，如图 3-23 所示（*.wmv 格式的视频文件可以完全嵌入到 PowerPoint 2010 版的 pptx 文件中）。

设置完成，单击"确定"按钮。

★ **步骤 30** 在原唱内页 1（幻灯片 2）中，将两句歌词的图片恢复为显示状态。此时，视频画面（最底层）被歌词图片覆盖。

★ **步骤 31** 放映幻灯片，测试视频效果，应该自动、连续、静音播放；并与音乐过门的倒计时、演唱的图文同步动画过渡自然，衔接合理，不用暂停或中断视频。

如果有错误，修改视频的各选项，直到播放准确为止。《咏鹅》MV 的原唱前奏部分的视频制作完成，保存文件。

　　删除视频文件：选中视频画面，按键盘上的 Delete 键，删除视频文件。

★ **步骤 32** 同样的方法，制作《咏鹅》MV 的伴奏[内页 5（幻灯片 6）]前奏部分的视频。

　　视频文件可以复制到其他幻灯片中，复制后，视频的宽高、位置、播放选项保持不变。

★ **步骤 33** 在内页 5（幻灯片 6）中，设置伴奏部分的前奏视频图层为：置于底层；在"动画窗格"中，将视频动画顺序移至最上面；

在"剪裁视频"对话框中，截取出另一段与前奏情节恰当、合理的 13 秒的视频，如图 3-24 所示。

★ **步骤 34** 放映幻灯片，测试内页 5 的视频效果；如有错误，修改视频的各选项，直到播放准确为止。

至此，《咏鹅》MV 的原唱和伴奏部分的前奏视频都制作完成，保存文件。

图 3-24　剪裁伴奏部分的视频

五、制作 MV 的超链接

★ **步骤** 35　分析 MV 超链接结构。《咏鹅》MV 有原唱和伴奏两部分，因此，封面上有"原唱""伴奏"两个选择按钮（图、文），如图 3-4 所示，"原唱"（图、文）按钮链接到"原唱内页 1"（幻灯片 2）；"伴奏"（图、文）按钮链接到"伴奏内页 5"（幻灯片 6）。

原唱歌词和伴奏歌词的最后一页有"返回""结束"的按钮。"返回"链接到封面，"结束"链接到封底。如图 3-25 所示。

图 3-25　原唱、伴奏歌词最后一页"返回""结束"按钮

★ **步骤** 36　按照上述分析，分别设置 MV 封面的"原唱""伴奏"图文超链接；设置原唱歌词、伴奏歌词最后一页"返回""结束"的超链接。放映幻灯片，测试各页的超链接，修改，保存文件。

六、插入音频，录制排练计时，制作 MV 图文声同步

★ **步骤** 37　在原唱内页 1（幻灯片 2）插入"咏鹅 1-儿歌.wav"音频，设置音频的各选项。《咏鹅》MV 的原唱有 4 张内页，所以音频的"停止播放"为"◉ 在(E)：| 4 | ⊕ 张幻灯片后"。

音频的动画顺序在视频动画之前（第 1 个动画）。

同样的方法，在伴奏内页 5（幻灯片 6）插入"咏鹅 1-伴奏.wav"音频，设置音频的各选项和停止位置。

★ **步骤 38**　使用排练计时录制《咏鹅》MV 原唱、伴奏的图文声同步效果。单击"幻灯片放映"→"排练计时"，在每一句演唱发音前 1 拍，单击"下一项"，使歌词文字变色效果、图片与演唱的声音同时出现，实现图文声合拍、同步变化效果。

★ **步骤 39**　演唱结束后，停留一段时间再结束录制，如果图文声合拍、同步的节奏准确，在"是否保留排练时间"对话框中选择"是"。否则选"否"，重新录制。

提示

> 有超链接的页面，如封面、原唱结束页（内页 4）、伴奏结束页（内页 8），以及封底（MV 结束页面），在录制"排练计时"时，需要停留时间长一些（1 分钟左右），便于单击超链接按钮选择不同内容。

★ **步骤 40**　如果需要分别录制 MV 的原唱部分或伴奏部分，选中开始录制的幻灯片，在"幻灯片放映"选项卡"设置"组中，单击"录制幻灯片演示"按钮，选择"从当前幻灯片开始录制"，即可重新录制某一部分的排练计时，不影响其他页面的计时。

至此，《咏鹅》MV 原唱部分、伴奏部分的图文声像同步动画效果全部制作完成，放映幻灯片，观看听《咏鹅》MV 原唱、伴奏效果，节奏不准的，调整文字变色速度，重新录制。保存文件。

从头放映🖳，欣赏自动、流畅放映、词曲声像同步的《咏鹅》MV。至此，MV 全部制作完成，保存文件。

七、发布 MV 视频

《咏鹅》MV 制作完成后，可以发布为线性视频（*.wmv 或*.mp4格式）、交互视频（*.swf 格式）。它们的制作方法和播放方式可以查阅"任务 2"的具体内容。制作不同格式视频文件的操作方法如下。

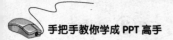
1. 在 PPT 2010、PPT 2013、PPT 2016 中制作 WMV 格式的线性视频文件

2. 在 PPT 2013、PPT 2016 中制作 MP4 格式的线性视频文件　→【支持手机播放】

3. 在 PPT 2010、PPT 2013、PPT 2016中制作 SWF 格式的 **交互视频** 文件→【浏览器播放】

归纳总结

1. 总结 MV 的结构组成及各页内容

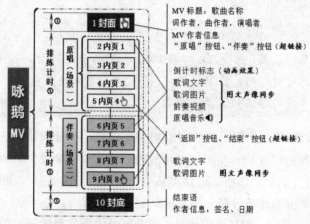

2. 总结设计制作 MV 的重点技术

① 倒计时标志——进入→出现，下次单击后隐藏；

② 前奏视频——自动播放，无需触发器，与后续动画合理衔接；

③ 文字变色——强调动画→字体颜色（动画 1）；

④ 同步动画——图片（动画 2）的"开始"：与上一动画同时；

⑤ 图文声像同步——排练计时。

评价反馈

作品完成后，填写表 3-1 所示的评价表。

表 3-1 "设计制作 MV"评价表

评价模块	学 习 目 标		评 价 项 目	自评
专业能力	1. 管理 PowerPoint 文件：新建、另存、命名、打开、保存、关闭文件			
	2. 制作 MV 框架结构			
	3. 制作 MV 封面（MV 各信息、超链接按钮、版面）			
	4. 制作原唱、伴奏各张内页	倒计时标志		
		歌词文字、歌词图片、内页版面		
		图文同步动画		
		插入视频，设置播放选项、动画效果		
		结束页的超链接按钮		
	5. 制作 MV 封底			
	6. 制作 MV 音乐：插入音频、设置播放选项、动画效果			
	7. 录制 MV 排练计时（图文声像同步）			
	8. 正确上传文件			

评价模块	评价项目	自我体验、感受、反思		
可持续发展能力	自主探究学习、自我提高、掌握新技术	□很感兴趣	□比较困难	□不感兴趣
	独立思考、分析问题、解决问题	□很感兴趣	□比较困难	□不感兴趣
	应用已学知识与技能	□熟练应用	□查阅资料	□已经遗忘
	遇到困难，查阅资料学习，请教他人解决	□主动学习	□比较困难	□不感兴趣
	总结规律，应用规律	□很感兴趣	□比较困难	□不感兴趣
	自我评价，听取他人建议，勇于改错、修正	□很愿意	□比较困难	□不愿意
	将知识技能迁移到新情境解决新问题，有创新	□很感兴趣	□比较困难	□不感兴趣
社会能力	能指导、帮助同伴，愿意协作、互助	□很感兴趣	□比较困难	□不感兴趣
	愿意交流、展示、讲解、示范、分享	□很感兴趣	□比较困难	□不感兴趣
	敢于发表不同见解	□敢于发表	□比较困难	□不感兴趣
	工作态度，工作习惯，责任感	□好	□正在养成	□很少
成果与收获	实施与完成任务	□☺独立完成	□☺合作完成	□☹不能完成
	体验与探索	□☺收获很大	□☺比较困难	□☹不感兴趣
	疑难问题与建议			
	努力方向			

复习思考

1. 什么是 MV?
2. 制作 MV 的主要技术有哪些?
3. 如何制作歌词开始前的倒计时标志?
4. 如何调整歌词文字变色的速度?

拓展实训

选择一首自己喜爱的歌曲,收集歌词和歌曲图片素材,制作 MV,并演唱。

任务④

设计制作活动演示稿

知识目标

1. 活动演示稿的结构组成；

2. 制作活动演示稿框架的方法；

3. 制作组合动画的方法。

能力目标

1. 能在 PowerPoint 中设计制作活动演示稿；

2. 能制作活动演示稿的框架；

3. 能制作标题、相片的组合动画效果。

学习重点

制作组合动画的方法。

　　各单位、企业经常举办一些活动，如年会、表彰会、庆典、展示会、推介会等，在举办这些活动时，同步播放图文声像并茂的活动演示稿，既可以提升活动品质，调节活动气氛，增强活动氛围和效果，给参会者留下深刻的印象和永久的记忆，还可以作为档案资料展示、留存和珍藏。

　　本任务以"五四青年表彰会"为例，应用 PowerPoint 2010 根据活动流程和内容，设计制作表彰会演示稿。

背景介绍：学校在五四青年节，要召开一个表彰优秀青年师生的表彰大会，会议有四个流程和内容，请你为此次大会制作演示片。请说出你的设计方案。

提出任务：在 PowerPoint 2010 中设计、制作"五四青年表彰会"演示稿。

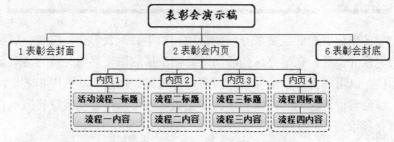

1. 表彰会演示稿的结构组成

表彰会演示稿的框架结构如图 4-1 所示，包含以下部分：表彰会封面、表彰会内页、表彰会封底。其中表彰会内页包含四项活动流程的标题和对应内容。

图 4-1　表彰会演示稿的框架结构

　　表彰会内页的张数可以根据活动的流程和内容决定，每个流程的标题和内容可以分成多页幻灯片制作，也可以合在一页制作。

　　本任务的表彰会，将每个流程的标题和内容合在同一页幻灯片内制作，所以四项活动流程，制作 4 页表彰会内页（总计 6 页幻灯片）。表彰会演示文稿的组成部分如图 4-2 所示。

图 4-2　表彰会演示稿结构及组成

　　各部分页面的内容：

　　　表彰会封面——包含标题（活动主题）、副标题（活动名称）、
　　　　　　　　　　主办单位、时间、活动标志、音乐等。
　　　表彰会内页——包含内页标题（活动的流程或程序）、各流程的
　　　　　　　　　　内容（文字、图片、视频等）。
　　　表彰会封底——包含活动名称、主办单位、结束语。

　　每页幻灯片的具体组成内容和动画效果在制作时详细分析。

　　2. **表彰会的活动流程和内容**

　　"五四青年表彰会"流程如下。

　　（1）表彰优秀青年教师（领导宣读表彰决定，主持人朗诵颁奖词，获奖教师上台，领导为教师颁奖）。

　　（2）表彰优秀青年学生（领导宣读表彰决定，主持人朗诵颁奖词，获奖学生上台，领导为学生颁奖）。

　　（3）优秀教师代表发言。

　　（4）领导致词。

　　各流程之间可以穿插歌舞表演、配乐诗朗诵、小品等节目助兴。

　　3. **表彰会演示片的播放方式**

　　按流程、环节——手动控制播放；

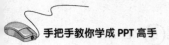

各流程的内容——自动、流畅、连续播放。

4．表彰会演示片版式特点

不使用 PowerPoint 提供的主题，而是根据表彰会的性质、活动流程和内容，用不同的背景图制作幻灯片背景效果，搭建出表彰会的框架和结构。

"五四优秀青年表彰会"喜庆、热烈，以红色为主题色，贯穿始终，如作品图所示。

5．表彰会演示稿内页 1 标题和相片的动画效果

标题的动画效果：从屏幕中心放大（出场）→ 停留 → 向屏幕右上角 ⌐移动＋缩小⌐

⌐组合动画⌐

相片的动画效果：从屏幕中心放大（出场）→ 停留 → 向各相片位置 ⌐移动＋缩小⌐

6．组合动画及特点

组合动画：同一元素同时发生两个以上的动作和效果，称为组合动画。其特点：同一元素，同时开始，同速运行，同时结束。

比如，当标题由近向远做路径运动时，同时也应该由大变小，所以需要加上缩放的强调效果；当一片花瓣飘落下来时，同时也会有翻转效果，所以需要加上陀螺旋的强调动画……

组合动画的方式：动作路径动画与另外 3 种动画的结合，以及强调动画与进入、退出动画的结合。就是说，当一个元素进入、退出或者发生路径运动时，也会伴随自身形状的变化。

组合动画的难点：一是创意；二是时间及速度的设置。组合动画更注重创意和细节，这也是精美动画的核心。

以上分析的是表彰会演示稿的结构、活动流程、内页标题和相片的动画特点、重点制作技术等，下面重点学习表彰会演示稿中制作组合动画的方法。

完成任务

准备工作：根据"五四青年表彰会"的流程，收集、分类、整理

并精选制作活动演示稿的图片、获奖者相片（图片、相片可以经过 Photoshop 编辑、预处理）及开场音乐等文件，放在专门的文件夹中备用。

启动 PowerPoint 2010，将新文件另存，命名。按表彰会演示稿的框架结构制作每张幻灯片的背景，共 6 页幻灯片，三种背景图（表彰会封面 1 页，表彰会内页 4 页，表彰会封底 1 页），如图 4-3 所示。

图 4-3　表彰会演示稿的框架

一、制作表彰会演示稿封面

1. 制作表彰会封面开场的拉幕效果

分析：表彰会开始前，舞台的大幕是关闭的，在开场音乐的伴奏下，舞台大幕向两侧同时拉开，如图 4-4 所示。

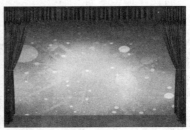

图 4-4　舞台大幕关闭及大幕拉开效果

舞台及幕布的结构、图层关系如下。

舞台檐幕：最前面　→　置于顶层　→　固定不动

舞台大幕：檐幕后面　→　第二层（下一层）　→　可拉开可关闭

拉幕效果需要设置两侧大幕同时向场外移动的直线路径动画（同步动画），同时开始、同时结束；持续时间、速度一致！

★ **步骤** 1　在表彰会封面幻灯片，插入"舞台檐幕"和"大幕"图片（左、右两幅大幕对称），图片大小、位置如图 4-5 所示。

★ **步骤** 2　设置大幕的路径动画如图 4-5 所示，大幕应完全拉开（大幕图片移出场外）。

图 4-5　表彰会封面的幕布位置及大幕动画效果

表彰会封面的大幕制作完成的拉幕动画如图 4-6 所示，放映观看，修改调整，保存文件。

元素及顺序	格式	动画效果	开始	持续时间
左幕布	高 19.05 厘米	路径(向左)	之后	3.00 秒
右幕布	高 19.05 厘米	路径(向右)	与上一动画同时	3.00 秒

同步动画

图 4-6　表彰会封面的拉幕动画

2. 制作表彰会封面文字内容及动画

★ **步骤** 3　制作表彰会封面文字内容。包含标题（活动主题）、副标题（活动名称）、主办单位、时间、活动标志等内容，大小、位置如图 4-7 所示。

图 4-7　表彰会封面文字内容及大小、位置

★ **步骤 4**　设置表彰会封面各部分文字的动画效果及顺序，如图 4-8 所示。

元素及顺序	格式	动画效果	效果选项	开始	持续时间	延迟
单位	舒体 28 白色	擦除	自左侧	之后	0.50 秒	
践行	行楷 60 粗橙	缩放	幻灯片中心	之后	1.50 秒	
闪耀	行楷 60 粗橙	缩放	幻灯片中心	之后	1.50 秒	
左幕布	高 19.05 厘米	路径(向左)		之后	3.00 秒	1.50 秒
右幕布	高 19.05 厘米	路径(向右)		与上一动画同时	3.00 秒	1.50 秒
团徽	高 3.3 厘米	缩放	对象中心	之后	1.00 秒	
光芒	宽 10 厘米	缩放	对象中心	之后	0.50 秒(重复 2 次)	
2016 年	宋 32 粗白，雅黑 48 白	浮入	下浮	之后	2.00 秒	

同步动画（左幕布、右幕布）

图 4-8　表彰会封面的图、文动画

★ **步骤 5**　放映幻灯片，观看封面各部分图、文、拉幕的动画效果，不合适的动画效果或选项可以修改，直到合适为止。保存文件。

3. 制作表彰会封面的开场音乐

表彰会封面的开场音乐，开幕前开始播放，只在封面内播一遍，

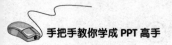

不循环、不跨页。

★ **步骤 6** 在表彰会封面插入音频文件"开场音乐.wav",将音频图标📢移到封面页面左侧场外,单击"音频工具/播放"选项卡,选择"开始"为"自动",选择"☑放映时隐藏",如图 4-9 所示。

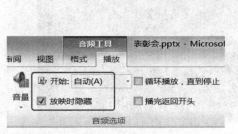

图 4-9 音频文件的播放选项　　图 4-10 音频动画顺序

★ **步骤 7** 在"动画窗格"中,将音频动画 `0 ▷ 开场音乐.wav ▷` 上移⬆至最上面,如图 4-10 所示。设置音频的效果选项,打开"播放音频"对话框,各项设置如图 4-11 所示。

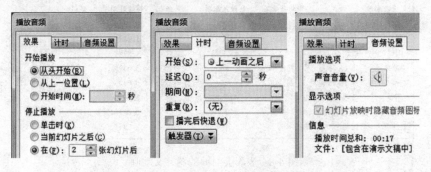

图 4-11 音频的效果选项——"播放音频"对话框

★ **步骤 8** 放映幻灯片,观看表彰会封面的各部分内容的动画效果、听声音效果,修改不合适的动画效果或选项,直到合适为止。

至此,表彰会演示稿的封面制作完成,保存文件。

二、制作表彰会演示稿内页标题的动画

图 4-12　内页 1 标题的动画效果

分析：如图 4-12 所示，内页 1 标题的动画效果如下。

从屏幕中心放大 → 停留 → 向屏幕右上角｜移动 ＋ 缩小｜←组合动画【路径＋强调】
　　｜　　　　　 ｜　　　　　　　　　｜　　　｜
①进入：缩放　 延迟　　　　　　　 ②直线路径　③强调：缩小

其中"停留"的效果设置"延迟"实现；标题向屏幕右上角"边移动边缩小"的效果，用组合动画【路径＋强调】实现。

1. 制作表彰会内页 1 的标题文字及团徽

★ **步骤 9**　制作表彰会内页 1 的艺术字标题"优秀青年教师"，格式：华文行楷 88 号，加粗，橙色，对齐幻灯片→左右居中，如图 4-13 所示。

插入团徽，高 2.3 厘米，位置如图 4-13 所示。

图 4-13　内页 1 标题文字及团徽大小、位置

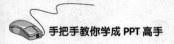
2. 制作内页 1 标题的动画

由分析可知，内页 1 标题有三个动画，如图 4-14 所示。

图 4-14　内页 1 标题动画

★ **步骤 10**　依次设置内页 1 标题的各动画效果、顺序及选项，
如图 4-15 所示。

元素及顺序	动画效果	效果选项	开始	持续时间	延迟
优秀教师	进入：缩放	幻灯片中心	之后	1.00 秒	
优秀教师	路径(对角线向右上)		之后	1.00 秒	2.00 秒
优秀教师	强调：放大/缩小	较小 50%	同时	1.00 秒	2.00 秒

组合动画

图 4-15　内页 1 标题的动画

组合动画的核心：同步效果（顺序、开始及时间的设置）。组合
动画特点：同一元素，同时开始，同速运行，同时结束。

设置组合动画同步效果的要素如下。

① 动画对象：同一个对象（元素）——如内页 1 标题。

② 动画顺序：两动画相邻。

③ 动画开始：之后、同时 ⇨ 同时开始。

④ 动画速度：相同持续时间 ⇨ 同速运行，同时结束。

⑤ 动画延迟：相同延迟时间 ⇨ 同时开始，同步运行。

在"动画窗格"的时间轴上，可以清晰地看出每个动画的时间节
点和时长，如图 4-16 所示。

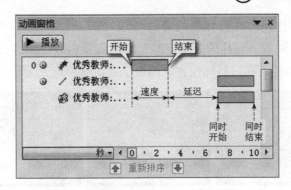

图4-16 "动画窗格"的时间轴

开始时刻（橙色矩形的起点）、结束时间（橙色矩形的终点）、速度（橙色矩形的长度，长度越长，速度越慢；长度越短，速度越快）、延迟（橙色矩形左边的空白），以及与别的动画的关系等，如图 4-16 所示。

★ **步骤 11** 放映幻灯片，观看内页 1 标题的全部动画效果，修改标题移动路径的终点位置，如图 4-17 所示；修改标题组合动画中不合适的动画效果或选项，直到合适为止。保存文件。

至此，表彰会演示稿内页 1 标题的全部动画制作完成，保存文件。

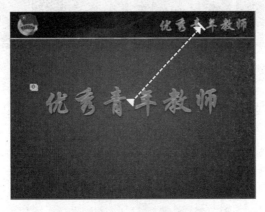

图4-17 内页 1 标题移动路径的终点位置

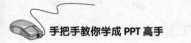

3. 制作其他内页标题的动画

★ **步骤** 12 同样的方法，制作其他 3 页内页的标题动画，各内页标题移动的方向、目标位置、团徽位置如图 4-18 所示。

内页 2 标题向屏幕左上角移动　内页 3 标题向屏幕右上角移动　内页 4 标题向屏幕正上方移动

图 4-18　其他各内页标题移动的方向、目标位置

★ **步骤** 13　放映幻灯片，观看各内页标题的全部动画效果，修改各标题移动路径的终点位置，如图 4-18 所示；修改各标题组合动画中不合适的动画效果或选项，直到合适为止。保存文件。

至此，表彰会演示稿所有内页标题的全部动画制作完成，保存文件。

三、制作表彰会演示稿内页 1 优秀教师相片、介绍的动画及版面布局

图 4-19　内页 1 教师 1 的动画效果

分析：如图 4-19 所示，内页 1 中教师 1 相片、介绍、姓名的动画效果。

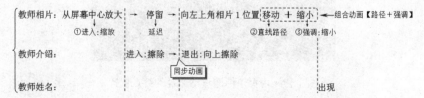

教师相片：从屏幕中心放大 → 停留 → 向左上角相片 1 位置 移动 ＋ 缩小 ◄— 组合动画【路径＋强调】
　　　　　①进入：缩放　　延迟　　　　　　　　②直线路径　③强调：缩小

教师介绍：　　　　　　进入：擦除 → 退出：向上擦除
　　　　　　　　　　　　　　同步动画

教师姓名：　　　　　　　　　　　　　　　　　　　　出现

1. 制作表彰会内页 1 中教师 1 的相片及介绍

★ **步骤 14**　在表彰会内页 1 中，插入教师 1 的相片，高 15.8 厘米，对齐幻灯片→左右居中、底端对齐，如图 4-20 所示。

图 4-20　内页 1 教师 1 相片及介绍大小、位置

★ **步骤 15**　用文本框制作右侧的教师介绍，"优秀教师"华文行楷 30 号，加粗，黑色，左对齐；"教师姓名"华文行楷 44 号，加粗，橙色，右对齐，位置如图 4-20 所示。

★ **步骤 16**　文本框制作"姓名"宋体，18，加粗，黄色，位置在教师 1 相片缩小后的下方，如图 4-20 所示。

2. 制作教师 1 相片、介绍、姓名的动画

由分析可知，教师 1 相片有三个动画，教师介绍有两个动画，姓名文本框在教师 1 相片缩小到位后，动画为"出现"，如图 4-21 所示。

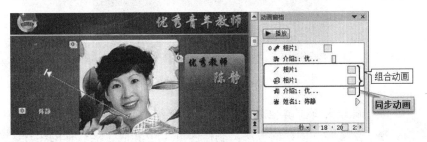

图 4-21　教师 1 相片、介绍、姓名的动画

★ **步骤** 17　依次设置教师 1 相片、介绍、姓名的各动画效果、顺序及选项，如图 4-22 所示。

元素及顺序	动画效果	效果选项	开始	持续时间	延迟
相片 1	进入:缩放	幻灯片中心	之后	1.00 秒	
介绍 1	进入:擦除	自顶部	之后	0.50 秒	
相片 1	路径(对角线向左上)		之后	1.00 秒	1.50 秒
相片 1	强调:放大/缩小	自定义 44%	同时	1.00 秒	1.50 秒
介绍 1	退出:擦除	自底部	同时	1.00 秒	1.50 秒
姓名 1	进入:出现		之后	自动	

组合动画

同步动画

图 4-22　教师 1 相片、介绍、姓名的动画

★ **步骤** 18　放映幻灯片，观看内页 1 中教师 1 的相片、介绍全部动画效果，修改教师 1 相片移动路径的终点位置，修改姓名文本框的位置（教师 1 相片缩小后的下方），如图 4-23 所示；修改相片组合动画、教师介绍同步动画中不合适的动画效果或选项，直到合适为止。保存文件。

图 4-23　教师 1 相片移动路径的终点位置

3. 制作内页 1 其他教师的相片、介绍的动画

★ **步骤** 19　同样的方法，制作内页 1 中其他 7 名教师的相片、

介绍、姓名的动画，各相片移动的方向、目标位置、动画完成的效果
如图 4-24 所示。

图 4-24　内页 1 其他教师相片移动的方向、目标位置、动画完成效果

获奖教师介绍：

优秀教师 陈静	优秀班主任 方荣卫	优秀班主任 卢姝静	优秀教师 李伟松	优秀班主任 张静	优秀教师 魏军	优秀教师 彭天夫	优秀教师 吴骁军

4. 设计内页 1 中 8 位教师相片及姓名的版面布局

分析：表彰会内页 1 中，8 位优秀教师的相片动画完成之后的效
果如图 4-24 右图所示，8 张相片及姓名的位置均匀分布在幻灯片的页
面内，行列整齐，排列均匀；每位教师的相片与姓名居中对齐，远离
下面一排的相片。如何控制每张相片移动的目标位置呢？需要借助参
考线和网格线精准定位，通过展示版面美，提升美感和审美以及设计
能力。

★ **步骤 20**　定位教师相片移动的目标位置。如果第 1 张相片移
动的目标位置合适，就以第 1 张相片移动的目标位置为基准，进行整
个页面的排版、布局。显示"参考线"及"网格线"，调整第一排 4
张相片路径线的终点位置，如图 4-25 所示。

★ **步骤 21**　定位教师姓名文本框的位置。同样，以第 1 位教师
姓名文本框的位置为基准，利用"参考线"及"网格线"，定位第一排
其余教师姓名文本框的位置，如图 4-26 所示，每位教师的相片与姓名

居中对齐。

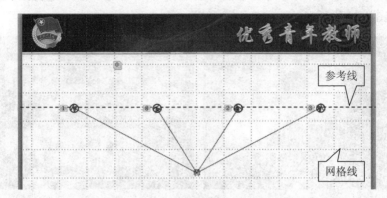

图 4-25　第一排相片移动的目标位置（精准定位）

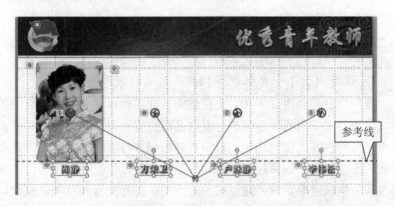

图 4-26　第一排姓名的定位，姓名与相片的位置

★ **步骤 22**　同样的方法，将第二排教师相片移动的目标位置及姓名文本框进行定位，如图 4-27 所示。

★ **步骤 23**　放映幻灯片，观看内页 1 标题及所有教师（8 人）的相片、介绍、姓名等内容的动画效果及版面布局，检查标题、相片组合动画的同步效果、停留的时长等，修改、调整各部分内容不合适的动画效果、选项或位置，直到合适为止。保存文件。

图 4-27 第二排相片移动的目标位置、姓名的位置

至此，表彰会演示稿的内页 1——流程一"表彰优秀青年教师"制作完成，如图 4-28 所示，保存文件。

图 4-28 内页 1 内容及版面布局

制作内页 1 颁奖音乐：第 1 位教师出场时开始播放，只在内页 1 内播，可控制循环、不跨页。

提示

四、制作表彰会演示稿内页 2 全部内容和动画

1. 制作内页 2 标题"优秀青年学生"的动画效果

分析：内页 2 标题的动画效果如下。

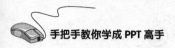

从屏幕中心放大 → 停留 → 向屏幕左上角 │ 移动 ＋ 缩小 │

制作内页 2 的标题动画，标题移动的方向、目标位置、团徽位置如图 4-29 所示。

2. 制作内页 2 所有学生的相片、介绍、姓名的动画

分析：内页 2 中"学生 1"相片、介绍、姓名的动画效果如下。

学生相片：螺旋飞入 → 停留 → 向左上角相片 1 位置 │ 移动 ＋ 缩小 │
学生介绍：　　　　进入：擦除 → 退出：向上擦除
　　　　　　　　　　　　　　│ 同步动画 │
学生姓名：　　　　　　　　　　　　　　　　　　　　　　　　　　出现

★ **步骤 24** 同样的方法，制作内页 2 中"学生 1"的相片、介绍、姓名的动画，相片移动的方向、目标位置、版面布局如图 4-29 所示。

图 4-29 "学生 1"相片移动路径的终点位置及各内容版面布局

内页 2 中学生的相片可以裁剪为椭圆形，学生相片（高 15.8 厘米）入场动画，可以设置为"螺旋飞入"，增加活泼的效果；学生相片【移动＋缩小】组合动画中，缩小的比例为 41%，其他选项与内页 1 相同。

获奖学生介绍：

技能优秀 张文珊	学习优秀 徐蕊	优秀干部 秦怀旺	优秀学生 教传禹	技能优秀 马宏权
优秀学生 佟静文	优秀干部 王清浩	优秀学生 胡从浩	优秀干部 耿洪阳	优秀学生 田莉莉

★ **步骤 25** 制作内页 2 中其余学生的相片、介绍、姓名的动画，利用"参考线"及"网格线"，准确定位学生相片移动的方向、目标位置，如图 4-30 所示。

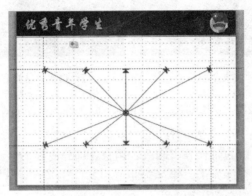

图 4-30 学生相片移动的方向、目标位置（准确定位）

★ **步骤 26** 学生姓名的定位，姓名与相片的位置，如图 4-31 所示。每名学生的相片与姓名居中对齐。

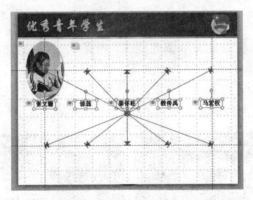

图 4-31 学生姓名的定位，姓名与相片的位置

★ **步骤 27** 内页 2 所有学生（10 人）的相片、介绍、姓名的动画，及各相片移动的方向、目标位置、动画完成的效果如图 4-32 所示。

图 4-32　内页 2 所有内容移动的方向、目标位置、动画完成效果

★ **步骤 28**　放映幻灯片，观看内页 2 标题及所有学生（10 人）的相片、介绍、姓名等内容的动画效果，检查标题、相片组合动画的同步效果、停留的时长等，修改、调整各部分内容不合适的动画效果或选项，直到合适为止。保存文件。

至此，表彰会演示稿的内页 2——流程二"表彰优秀青年学生"制作完成，保存文件。

提示

　　制作内页 2 颁奖音乐：第 1 名学生出场时开始播放，只在内页 2 内播，可控制循环、不跨页。

五、制作表彰会演示稿内页 3、内页 4、封底全部内容和动画

1. 制作表彰会演示稿内页 3

★ **步骤 29**　内页 3 标题、移动的方向、目标位置以及内页 3 内容、动画完成的效果如图 4-33 所示。

图 4-33　内页 3 标题、内容、动画完成效果

★ **步骤 30** 依次设置内页 3 标题、内容的各动画效果、顺序及选项，如图 4-34 所示。

元素及顺序	动画效果	效果选项	开始	持续时间	延迟	
教师感言	进入:缩放	幻灯片中心	之后	1.00 秒		
教师感言	**路径(对角线向右上)**		**之后**	**1.00 秒**	**2.00 秒**	组合动画
教师感言	**强调:放大/缩小**	**较小 50%**	**同时**	**1.00 秒**	**2.00 秒**	
教师图片	切入	自左侧	之后	1.50 秒		
感言	淡出		之后	2.00 秒		

图 4-34 内页 3 标题、内容的动画

★ **步骤 31** 放映幻灯片，观看内页 3 所有内容的动画效果，修改、调整各部分内容不合适的动画效果或选项，直到合适为止。保存文件。

2. 制作表彰会演示稿内页 4

★ **步骤 32** 内页 4 标题、移动的方向、目标位置以及内页 4 内容、动画完成的效果如图 4-35 所示。

图 4-35 内页 4 标题、内容、动画完成效果

★ **步骤 33** 依次设置内页 4 标题、内容的各动画效果、顺序及选项，如图 4-36 所示。

★ **步骤 34** 放映幻灯片，观看内页 4 所有内容的动画效果，修改、调整各部分内容不合适的动画效果或选项，直到合适为止。保存

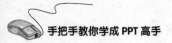

文件。

元素及顺序	动画效果	效果选项	开始	持续时间	延迟
领导致词	进入：缩放	对象中心	之后	1.00 秒	
领导致词	路径（直线向上）		之后	1.00 秒	2.00 秒
领导致词	强调：放大/缩小	自定义 80%	同时	1.00 秒	2.00 秒
麦克图片	淡出		之后	3.00 秒	

组合动画

图 4-36　内页 4 标题、内容的动画

3. 制作表彰会演示稿封底

★ **步骤 35**　表彰会封底内容及动画如图 4-37 所示。

元素及顺序	动画效果	效果选项	开始	持续时间
五四……表彰会	浮入	上浮	之后	1.00 秒
The End	切入	自底部	之后	2.00 秒
再见	缩放	对象中心	之后	0.50 秒

图 4-37　表彰会封底内容及动画

★ **步骤 36**　放映幻灯片，观看封底所有内容的动画效果，修改、调整不合适的动画效果或选项，直到合适为止。保存文件。

至此，表彰会演示稿全部制作完成，从头放映▣，观看、欣赏"五四青年表彰会"演示稿，修改、调整不合适的动画效果或选项，保存文件。

可以将表彰会演示稿转成视频（*.wmv，*.mp4）或 Flash 文件。在正式举办表彰会活动时，根据主持人的节奏和活动流程，正确播放"表彰会演示稿"文件，烘托活动会场的气氛，为活动添彩。

 **归纳总结**

1. **总结设计制作组合动画的工作流程**

① 对同一元素分别制作两个不同的动画效果（路径、强调）；

② 分别设置不同动画的效果选项（顺序、开始、持续时间等）；

③ 设置组合动画的同步效果（延迟）。

2. **总结组合动画同步效果的要素**

① 动画对象：同一个对象（元素）；

② 动画顺序：两动画相邻；

③ 动画开始：之后、同时 ⇨ 同时开始；

④ 动画速度：相同持续时间 ⇨ 同速运行，同时结束；

⑤ 动画延迟：相同延迟时间 ⇨ 同时开始，同步运行。

例如表彰会演示稿内页 1 标题的组合动画如下。

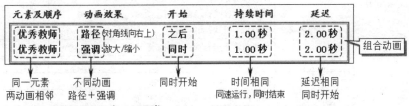

元素及顺序	动画效果	开始	持续时间	延迟	
优秀教师	路径(对角线向右上)	之后	1.00秒	2.00秒	组合动画
优秀教师	强调(放大/缩小)	同时	1.00秒	2.00秒	

同一元素 两动画相邻	不同动画 路径+强调	同时开始	时间相同 同速运行,同时结束	延迟相同 同时开始

3. **组合动画案例欣赏**

花朵飘落　　春天　　行走　　蝶飞

（1）花朵飘落　花朵组合动画：自由曲线路径＋陀螺旋＋缩小。

（2）春天　柳叶飘落组合动画：自由曲线路径＋陀螺旋＋(延迟)

淡出；

水波纹涟漪组合动画：缩放 +（延迟）淡出。

（3）男孩行走　男孩组合动画：直线路径 + 放大。

（4）蝶儿飞　蝴蝶组合动画：自由曲线路径 +（延迟）陀螺旋。

评价反馈

作品完成后，填写表 4-1 所示的评价表。

表 4-1　"设计制作活动演示稿"评价表

评价模块	学习目标	评价项目	自评
专业能力		1. 管理 PowerPoint 文件：新建、另存、命名、打开、保存、关闭文件	
		2. 制作活动演示稿框架结构	
		3. 制作活动演示稿封面（内容、动画、拉幕效果、开场音乐）	
	4. 制作内页 1	标题，"移动＋缩小"组合动画，移动位置	
		相片 1，"移动＋缩小"组合动画，移动位置	
		介绍的同步动画	
		姓名位置	
		其他内容及组合动画、同步动画	
		版面布局，动画效果	
	5. 制作内页 2	标题，组合动画，移动位置	
		学生相片，组合动画，同步动画，移动位置	
		学生相片形状，姓名位置	
		其他内容及组合动画、同步动画	
		版面布局，动画效果	
	6. 制作内页 3	标题，组合动画，移动位置	
		其他内容，动画效果，版面布局	
	7. 制作内页 4	标题，组合动画，移动位置	
		其他内容，动画效果，版面布局	
		8. 制作活动演示稿封底（内容，动画效果，版面布局）	
		9. 正确上传文件	

评价模块	评价项目	自我体验、感受、反思		
可持续发展能力	自主探究学习、自我提高、掌握新技术	□很感兴趣	□比较困难	□不感兴趣
	独立思考、分析问题、解决问题	□很感兴趣	□比较困难	□不感兴趣

续表

评价模块	评 价 项 目	自我体验、感受、反思		
可持续发展能力	应用已学知识与技能	□熟练应用	□查阅资料	□已经遗忘
	遇到困难，查阅资料学习，请教他人解决	□主动学习	□比较困难	□不感兴趣
	总结规律，应用规律	□很感兴趣	□比较困难	□不感兴趣
	自我评价，听取他人建议，勇于改错、修正	□很愿意	□比较困难	□不愿意
	将知识技能迁移到新情境解决新问题，有创新	□很感兴趣	□比较困难	□不感兴趣
社会能力	能指导、帮助同伴，愿意协作、互助	□很感兴趣	□比较困难	□不感兴趣
	愿意交流、展示、讲解、示范、分享	□很感兴趣	□比较困难	□不感兴趣
	敢于发表不同见解	□敢于发表	□比较困难	□不感兴趣
	工作态度，工作习惯，责任感	□好	□正在养成	□很少
成果与收获	实施与完成任务	□☺独立完成	□☺合作完成	□☹不能完成
	体验与探索	□☺收获很大	□☺比较困难	□☹不感兴趣
	疑难问题与建议			
	努力方向			

复习思考

1. 什么是组合动画？组合动画适用于哪些场合？
2. 如何搭配组合动画？制作组合动画同步效果的要素有哪些？

拓展实训

知识竞赛是各行业、各单位经常举办的一种提升员工技能、扩展知识的常见活动。知识竞赛的形式多种多样，借助多媒体方式的、交互式竞赛越来越普及。选择一个主题，收集相关资料和素材，综合运用 PowerPoint 2010 所学知识和技能，制作《***知识竞赛》演示文稿。大胆想象和创新，根据竞赛结构框架设置幻灯片中的超链接和换页方式。

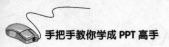

制作完成的作品在班内展示，自己寻找合作者（或小组成员合作）进行竞赛现场演播，自己担当竞赛主持人。

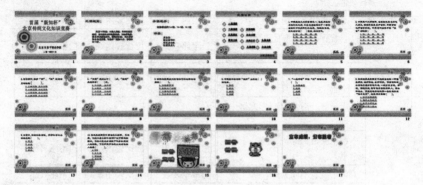

任务⑤ 设计制作产品介绍

知识目标

1. 产品介绍的基本要素；
2. 制作、应用幻灯片母版的方法；
3. 制作 SmartArt 图形、美化格式的方法；
4. 制作表格、美化表格的方法；
5. 图、文、表混排的方法；
6. 设计版面布局、设计动画方案的方法。

能力目标

1. 能在 PowerPoint 中设计制作产品介绍；
2. 能制作、应用幻灯片母版；
3. 能制作产品的 SmartArt 图形，并美化格式；
4. 能制作表格，美化表格；
5. 能对图、文、表进行混合排版；
6. 能设计版面布局、设计动画方案。

学习重点

1. 产品介绍的基本要素；
2. 制作、应用幻灯片母版的方法，制作 SmartArt 图形、表的方法；
3. 图文表混排、设计版面布局、设计动画方案的方法。

133

产品介绍是企业专用的、对新产品进行宣传、介绍、推销的一种方式，多用于新产品促销宣传、新产品上市、新产品发布、产品交易会等，将新产品的优点、特色以图文音视并茂的方式展现出来，重点介绍产品的特点、优势、使用方法、售后服务等消费者非常关心的内容，有助于消费者更好地了解和认知该产品，扩大新产品的认知度，打开新产品的消费市场。

产品介绍有多种方式，如传单、宣传彩页、演示文稿、视频、网页等，制作产品介绍的软件、方法也有多种，演示文稿方式很常用，可以集图片、文字、声音、视频于一体，可以超链接，可以互动，使用企业专用的 PPT 模板，具有企业的特色和风格，以新颖独特吸引更多人的关注。

本任务以《微软平板电脑 Surface Pro 3》为例，学习产品介绍演示文稿的框架结构和表现方法。

提出任务

背景介绍：Surface Pro 3 是微软 Surface 家族产品中推出的第三代 Surface 系列平板电脑，是一款高效办公设备，它既可以替代笔记本，又具有平板电脑的轻巧便携，分为"中国版"和"专业版"。为了向用户介绍 Surface Pro 3 的卓越性能、特点和优势，需要制作中文版《微软平板电脑 Surface Pro 3》产品介绍的演示文稿。

提出任务：收集"微软平板电脑 Surface Pro 3"的图、文、音、视资料，在 PowerPoint 2010 中制作产品介绍演示稿。

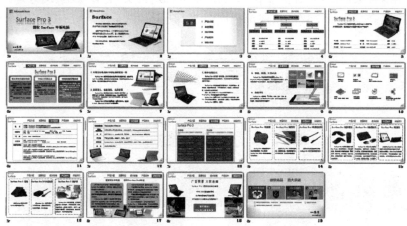

 分析任务

1. 产品介绍演示稿的结构组成

产品介绍演示稿的框架结构如图 5-1 所示，包含以下部分：封面、摘要、目录、内页、封底。其中内页包含五个介绍模块，每个模块有多页产品介绍的内页。

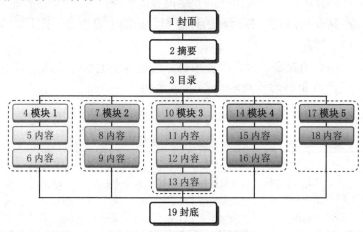

图 5-1 产品介绍的框架结构

产品介绍内页的页数可以根据产品介绍的模块数和各模块的介绍内容数决定,本任务制作 15 页产品介绍的内页(总计 19 页幻灯片)。产品介绍演示文稿的组成部分如图 5-2 所示。

图 5-2　产品介绍的结构及组成

各部分页面的内容如下。

产品介绍封面:产品名称、型号、公司名称、公司 logo 图标、产品外形图等;

产品介绍摘要:产品简要介绍(名称、品牌、类型、型号、版本、发布日期);

产品介绍目录:列出产品介绍内容的模块;

产品介绍内页:各模块的标题和介绍的主要内容、图片、结构图、表格等;

产品介绍封底:售后服务项目、公司客服电话等信息。

2. 产品介绍的模块和介绍内容大纲

产品介绍可以从以下几方面进行介绍,如表 5-1 所示。

表 5-1　产品介绍的模块和内容

介绍模块	产品介绍	主要特征	技术规格	产品配件	体验评价
介绍内容大纲	1. 产品历史介绍 2. 新产品介绍 3. 产品性能介绍	1. 先进技术 2. 内部结构 3. 特点优势	1. 外形尺寸、技术参数 2. 系统配置 3. 不同配置及价格	1. 必备配件 2. 可选配件 3. 扩展配件	1. 用户体验 2. 社会评价

3. 产品介绍的版式特点及设计原则

产品介绍的版式，既不是 PowerPoint 的主题（如相册），也不是自定义背景（如贺卡），而是采用了风格统一的幻灯片母版设计制作，针对特定的产品特色和介绍内容，制作统一样式的幻灯片母版。采用幻灯片母版设计制作，母版中有公司名称、logo 图标的标准样式。

产品介绍演示文稿的目的是给客户演示、讲解新产品、新功能，因此，在设计演讲辅助类演示文稿时，要突出重点、给客户留下深刻的印象，遵循以下原则：主题鲜明、层次清晰；风格统一、简明精炼；形象直观、图文一致。在演示文稿中，尽量避免使用大量的文字描述，尽量采用图形、图表来说明问题、表达逻辑关系，并适当加入动画和音视频，增强演示效果。

4. 母版的概念

"母版"是指演示文稿的主体结构，包括版式、主题背景、字体字样、配色方案等内容的设置。幻灯片母版的用途是使用户能够方便地进行全局更改，保证演示文稿的风格统一。制作了母版之后，所添加的幻灯片就会应用母版的格式。应用母版的幻灯片会随着母版的变化而自动更新。

PowerPoint 的母版包括幻灯片母版、备注母版、讲义母版三种类型。本任务主要设计、应用幻灯片母版。

以上分析的是产品介绍演示文稿的结构、基本要素、版式特点等，下面按工作过程学习具体的操作步骤和操作方法。

完成任务

准备工作：根据产品介绍的模块和介绍大纲、内容，收集、分类、整理并精选制作"微软平板电脑 Surface Pro 3"的文字稿、产品相关图片、视频等资料，放在专门的文件夹中备用，根据介绍内容制作演示文稿。

启动 PowerPoint 2010，将新文件另存，命名。

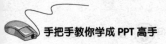

一、制作产品介绍演示稿的母版

1. 设计幻灯片的页面格式

分析：作品所示的"Surface Pro 3"产品介绍的幻灯片页面不是常用的 4：3 比例的格式，而是宽屏的页面效果 16：9，可以更改幻灯片页面的比例或尺寸实现。

★ **步骤1** 单击"设计"选项卡的"页面设置"按钮，打开"页面设置"对话框，选择"幻灯片大小"为"全屏显示（16：9）"，如图 5-3 所示。

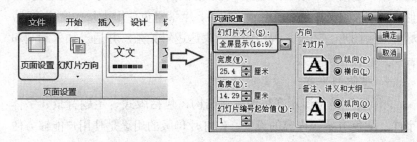

图 5-3　设置幻灯片大小

2. 设计制作幻灯片的母版

分析：由图 5-1 所示的产品介绍的框架结构可知，"Surface Pro 3"产品介绍的版式共有四页不同的版面背景（封面，目录，内页，封底），因此，幻灯片母版制作四页对应的版面背景和内容。

★ **步骤 2** 单击"视图"选项卡的"幻灯片母版"按钮，如图 5-4 所示，进入"幻灯片母版"编辑状态，如图 5-5 所示。在"主题幻灯片"下，共有 11 页幻灯片版式。

图 5-4　"视图"选项卡

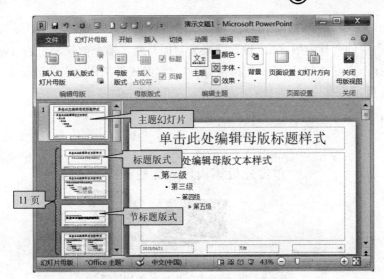

图 5-5 "幻灯片母版"编辑状态

★ **步骤 3** 删除"幻灯片母版"中多余的版式,只保留本任务所需的 4 页版式:标题版式、仅标题版式、空白版式、插入版式(自定义版式),如图 5-6 所示。分别制作图 5-7 所示的产品介绍的母版的各版式。

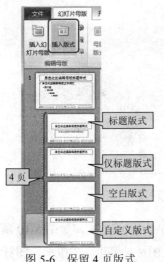

图 5-6 保留 4 页版式

图 5-7 产品介绍的母版版式

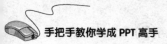

★ **步骤 4** 制作幻灯片母版中的"封面版式"。选择"幻灯片母版"中的"标题版式",设置背景为封面背景,插入微软公司的 logo 图标,高度 1.14 厘米,图标位置、"封面版式"制作完成的效果如图 5-8 所示。

图 5-8 "封面版式"及 logo 图标位置

★ **步骤 5** 制作幻灯片母版中的"目录版式"。选择"幻灯片母版"中的"仅标题版式",设置背景为目录背景,插入微软公司的 logo 图标,高度 0.8 厘米,图标位置、"目录版式"制作完成的效果如图 5-9 所示。

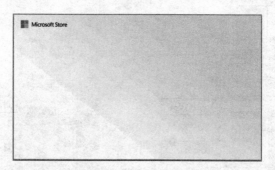

图 5-9 "目录版式"及 logo 图标位置

★ **步骤 6** 制作幻灯片母版中的"内页版式",如图 5-10 所示。
① 插入"微软 Surface"的 logo 图标,高度 1.3 厘米,图标位置

如图 5-10 所示。

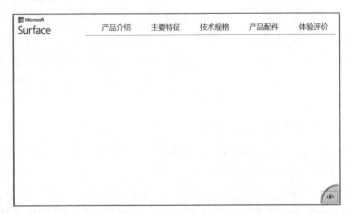

图 5-10 "内页版式"及 logo 图标、幻灯片编号位置

② 插入分隔线，长 19.6 厘米，淡蓝色，位置：距离幻灯片上边界 1.54 厘米。

③ 插入文本框，分别制作产品介绍的模块名称，微软雅黑，16号，淡蓝色，位置：间隔均匀分布，如图 5-10 所示。

④ 在页面右下角插入饼形，高 1.4 厘米、宽 1.4 厘米，浅蓝色，左上斜阴影，位置：（对齐幻灯片）右对齐、底端对齐。

⑤ 在页面右下角插入"幻灯片编号"，宋体，14 号，加粗，蓝色。位置如图 5-10 所示。

★ **步骤 7** 制作幻灯片母版中的"封底版式"。选择"幻灯片母版"中的"自定义版式"，设置背景为封底背景，"封底版式"制作完成的效果如图 5-7 所示。

至此，"Surface Pro 3"产品介绍的幻灯片母版制作完成。

★ **步骤 8** 单击"幻灯片母版"选项卡的"关闭母版视图"按钮，如图 5-11 所示，返回"幻灯片普通视图"状态，可以继续制作产品介绍的框架及每页内容，完成后续的工作。

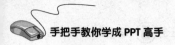

图 5-11 "幻灯片母版"选项卡

二、制作产品介绍的框架

分析：由图 5-1 所示的产品介绍的框架结构可知，"Surface Pro 3"产品介绍演示稿的框架共有五种不同的版式（封面，摘要，目录，内页，封底），因此，制作五页版式的产品介绍框架。

★ **步骤 9** 在"幻灯片普通视图"状态下，第 1 页幻灯片就是封面版式，如图 5-12 所示。因此，从第 2 页"摘要"开始制作（摘要与目录的版式一样）。

图 5-12 普通视图状态的第 1 页幻灯片（封面版式）

★ **步骤 10** 单击"开始"选项卡"新建幻灯片"按钮，如图 5-13 所示，分别选择需要的版式，组成"Surface Pro 3"产品介绍的框架，如图 5-14 所示。

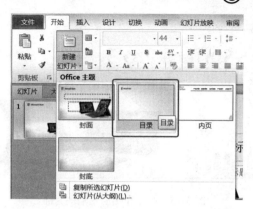

图 5-13 新建幻灯片→选择版式

图 5-14 产品介绍演示稿的框架

三、制作产品介绍的封面、摘要、目录

1. 设计制作产品介绍的封面（幻灯片 1）

产品介绍封面的内容：产品名称、型号、公司名称、公司 logo 图标、产品外形图等。

★ **步骤 11** 制作产品介绍封面的文字内容，如图 5-15 所示。各部分内容的格式如下，可以合理设置标题的动画。

① 艺术字标题"Surface Pro 3"格式：字体 Calibri，60 号，加粗，紧密映像 4pt。

② 副标题"微软 Surface 平板电脑"格式：宋体，32 号，加粗。

③ 作者、日期：宋体 12 号，加粗。各部分文字位置如图 5-15 所示。

2. 设计制作产品介绍的摘要（幻灯片 2）

产品介绍摘要的内容：产品简要介绍（名称、品牌、类型、型号、版本、发布日期）。

图 5-15　产品介绍演示稿的封面

★ **步骤12**　制作产品介绍摘要页面的文字内容,如图 5-16 所示。各部分内容的格式如下，可以合理设置各部分内容的动画。

图 5-16　产品介绍演示稿的摘要

① 标题"Surface"格式：方正活意简体，44 号，加粗。

② 介绍文字内容格式：华文中宋，14 号，首行缩进 1.1 厘米，行距 1.5 倍。

③ 图片：高 8.2 厘米，对齐幻灯片，右对齐。各部分图、文位置如图 5-16 所示。

3. 设计制作产品介绍的目录（幻灯片 3）

产品介绍目录的内容：列出产品介绍内容的模块。

★ **步骤** 13　制作产品介绍目录页面的文字内容，如图 5-17 所示。各部分内容的格式如下。

① 标题文本框"目录"格式：微软雅黑，32 号，文本框填充蓝色（R0, G102, B255）。

② 目录名称文本框：黑体，20 号，加粗。

各部分文字位置如图 5-17 所示。

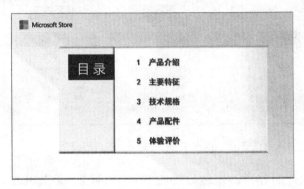

图 5-17　产品介绍演示稿的目录

放映，观看前 3 页幻灯片的整体效果、版面布局、动画效果，修改不合理的格式、布局、动画效果。保存文件。

四、制作产品介绍的内页

产品介绍内页的内容：各模块的标题和介绍的主要内容、图片、结构图、表格等。

1. 设计制作产品介绍的模块 1——内页 1（幻灯片 4）

★ **步骤** 14　制作内页 1（幻灯片 4）的内容，如图 5-18 所示。内页 1 包括模块标题、产品历史的 SmartArt 结构图、产品历史的表格。

各部分内容格式如下。

① 模块标题"产品介绍"文本框：微软雅黑，16 号，加粗，文本框填充蓝色（R0,G135,B201）。

直线：长 3.4 厘米，线型 4 磅，蓝色（R0,G135,B201）。

② SmartArt 结构图：内容、大小、位置如图 5-18 所示。

③ 表格：表内文字宋体，12 号，表格行高 0.8 厘米，表格位置页面居中，表格线型、大小如图 5-18 所示。

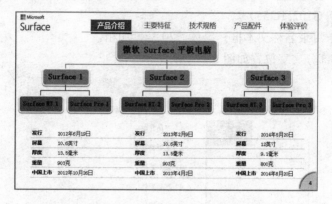

图 5-18　内页 1（幻灯片 4）的内容及版面

2. 设计制作产品介绍的模块 1——内页 2（幻灯片 5）

★ **步骤 15**　制作内页 2（幻灯片 5）的内容，如图 5-19 所示。内页 2 包括模块标题、Surface Pro 3 标题、新产品介绍内容、图片及表格。合理设置各部分内容的动画，模块标题"产品介绍"无动画。

图 5-19　内页 2（幻灯片 5）的内容及版面

① 模块标题"产品介绍"文本框、直线：同上。

② 标题 Surface Pro 3：Calibri，36 号，加粗，位置如图 5-19 所示。

③ 介绍内容：华文中宋，14 号，首行缩进 1.5 厘米，行距 1.5 倍。

④ 图片：高 8 厘米，位置如图 5-19 所示。

⑤ 表格：同上。

3. 设计制作产品介绍的模块 1——内页 3（幻灯片 6）

★ **步骤** 16　制作内页 3（幻灯片 6）的内容，如图 5-20 所示。内页 3 包括模块标题、Surface Pro 3 标题、产品性能介绍标题及内容。合理设置各部分内容的动画，模块标题"产品介绍"无动画。

① 模块标题"产品介绍"文本框、直线：同上。

② Surface Pro 3 标题：同上，位置页面居中。

③ 介绍的背景框：高 8.77 厘米，宽 7.8 厘米，位置如图 5-20 所示。

④ 产品介绍标题：微软雅黑，加粗，20 号，颜色、位置如图 5-20 所示。

图 5-20　内页 3（幻灯片 6）的内容及版面

⑤ 产品介绍内容：华文中宋，12 号，首行缩进 0.9 厘米，行距 1.2 倍。

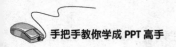

至此，产品介绍模块 1 的 3 页内页制作完成。放映，观看这 3 页幻灯片的整体效果、版面布局、动画效果，修改不合理的格式、布局、动画效果。保存文件。

4. 设计制作产品介绍的模块 2——幻灯片 7～9

★ **步骤** 17　制作幻灯片 7～9 各页的内容，如图 5-21 所示。各页包括模块标题"主要特征"、产品特征介绍标题及内容、图片。

产品特征标题：黑体，20，加粗，蓝色。产品特征内容：华文中宋，12 号，首行缩进 1 厘米，行距 1.5 倍。各页图片大小、位置如图 5-21 所示。合理设置各部分内容的动画，第 8 页、第 9 页的模块标题"主要特征"无动画。放映，观看各页面、修改，保存文件。

图 5-21　幻灯片 7～9 的内容及版面

5. 设计制作产品介绍的模块 3——幻灯片 10～13

★ **步骤** 18　制作幻灯片 10～13 各页的内容，如图 5-22 所示。各页包括模块标题"技术规格"、外形尺寸、技术参数、系统配置、不同配置及价格、图片。

片 10 技术参数的文字和片 11、12 的表内文字为宋体 12 号。各页图片大小、位置如图 5-22 所示。合理设置各部分内容的动画，第 11～13 页的模块标题"技术规格"无动画。放映，观看各页面、修改，保存文件。

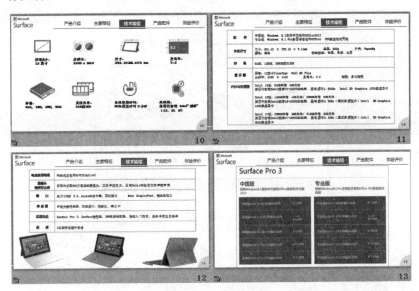

图 5-22　幻灯片 10～13 的内容及版面

6. 设计制作产品介绍的模块 4——幻灯片 14～16

★ **步骤** 19　制作幻灯片 14～16 各页的内容，如图 5-23 所示。各页包括模块标题"产品配件"、配件名称、配件图片、配件介绍。

各页面中"配件名称"格式：微软雅黑，18，加粗，蓝色。"配件介绍"格式：华文中宋，12 号，首行缩进 1 厘米，行距 1.5 倍。各页图片大小、位置如图 5-23 所示。合理设置各部分内容的动画，第 15 页、第 16 页的模块标题"产品配件"无动画。放映，观看各页面、修改，保存文件。

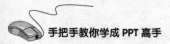

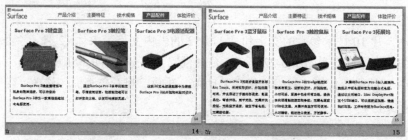

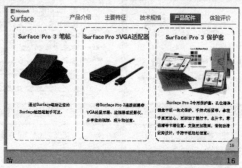

图 5-23　幻灯片 14～16 的内容及版面

7. 设计制作产品介绍的模块 5——幻灯片 17～18

★ **步骤 20**　制作幻灯片 17～18 各页的内容，如图 5-24 所示。各页包括模块标题"体验评价"、体验标题、体验介绍、评价标题、内容、图片。

图 5-24　幻灯片 17～18 的内容及版面

第 17 页"体验标题"格式：微软雅黑，18，加粗，蓝色。"体验介绍"格式：华文中宋，12 号，首行缩进 1 厘米，行距 1.5 倍。各页图片大小、位置如图 5-24 所示。合理设置各部分内容的动画，第 18 页的模块标题"体验评价"无动画。放映，观看各页面、修改，保存文件。

五、制作产品介绍封底

★ **步骤** 21　制作产品介绍封底内容，如图 5-25 所示。产品介绍封底包括：售后服务项目、公司客服电话等信息。各部分格式如下。

① 标题：微软雅黑，32，加粗，蓝色。

② 作者、日期：宋体 12 号，加粗。

③ 图片大小、位置如图 5-25 所示。

④ 合理设置各部分内容的动画。

⑤ 放映，观看、修改，保存文件。

图 5-25　产品介绍封底的内容及版面

六、制作产品介绍的导航超链接

1. 设计制作目录的超链接

分析：产品介绍的目录超链接的结构如图 5-26 所示。在目录页能任意进入各介绍模块，切换灵活，方便随意观看、选择性观看。

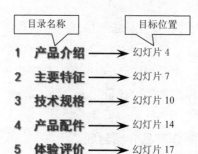

图 5-26　目录超链接的结构

★ **步骤 22**　按照图 5-26 所示的超链接结构，依次为目录页的每一个"目录名称"文本框（超链接载体），插入"超链接"，设置路径（本文档中的目标位置）。

> 为文本框设置超链接后，在幻灯片编辑状态，文字无下划线、文字不变色。文本框超链接在幻灯片放映时生效，鼠标放在超链接文本框矩形范围内，鼠标会变成小手形状；单击链接文本，立刻进入（打开）链接的幻灯片（跳转到链接的目标位置）。

放映幻灯片，测试目录页的超链接，修改错误链接，保存文件。

2. 设计制作幻灯片母版中"内页版式"的导航超链接

分析：产品介绍的内页导航能在各介绍模块之间跨时空任意跳转，切换灵活，方便随意观看、选择性观看或重复观看，因此"内页版式"的导航超链接结构如图 5-27 所示。

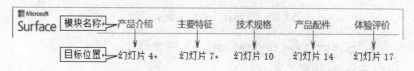

图 5-27　"内页版式"导航超链接的结构

★ **步骤 23**　单击"视图"选项卡的"幻灯片母版"按钮，进入

"幻灯片母版"编辑状态，选择"内页版式"，按照图 5-27 所示的超链接结构，依次为每一个"模块名称"文本框（超链接载体），插入"超链接" ，设置路径（本文档中的目标位置）。

★ **步骤 24** 单击"幻灯片母版"选项卡的"关闭母版视图"按钮，返回"幻灯片普通视图"状态。

> 为幻灯片母版的"内页版式"设置超链接后，应用此版式的所有幻灯片页面都有超链接功能。母版超链接在幻灯片放映时生效，鼠标放在各内页的超链接"模块名称"上，鼠标会变成小手形状；单击"模块名称"，立刻进入（打开）链接的幻灯片（跳转到链接的目标位置）。

放映幻灯片，测试所有内页的超链接，修改错误链接，保存文件。

制作目录超链接、内页导航超链接后，如果幻灯片的内页数量发生变化、或有增减，目录超链接、内页导航超链接会自动更新，总是指向正确的目标位置。

从头放映，观看产品介绍演示文稿，调整、修改各页面内容的格式、版面布局、动画效果，直到满意为止。至此，产品介绍演示稿全部制作完成，保存文件。

七、展示讲解产品介绍

产品介绍演示稿除了可以播放观看，还可以展示讲解。在熟悉产品后，为每张幻灯片配上表达精准、简练的讲解词，以推广介绍新产品。PowerPoint 展示及讲解需考虑听众的感受，讲解词内在的逻辑关系要清晰、有层次，能准确回答听众提问。

1. 如何做出好的 PowerPoint 作品

① 内容不在多，贵在精炼（文字要少）。

② 色彩不在多，贵在和谐（色彩要适，不超三色）。

③ 动画不在多，贵在需要（动画要合理，简单，不繁复）。

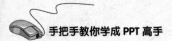

④ 页数不在多，贵在逻辑清晰（主题鲜明，结构统一，思路清晰）。

⑤ 版面不在花，贵在舒服（布局，留白，构图，比例，文化）。

⑥ 用 PowerPoint 讲述故事（有情节，有关联）。

受欢迎的 PowerPoint：内容——准确清晰；版式——简洁大方；动画——恰到好处。

2. 制作 PowerPoint 的流程

① 分析设计需求；②制作大纲，整理重点；③寻找相应素材；④确定整体风格（统一）；⑤设计制作母版；⑥搭建框架；⑦设计制作每页内容；⑧进行局部修饰。

 评价反馈

作品完成后，填写表 5-2 所示的评价表。

表 5-2 "设计制作产品介绍"评价表

评价模块	学习目标	评价项目	自评
专业能力	1. 管理 PowerPoint 文件：新建、另存、命名、打开、保存、关闭文件		
	2. 制作产品介绍的幻灯片母版	幻灯片页面格式	
		封面版式、目录版式、内页版式、封底版式	
		关闭幻灯片母版视图	
	3. 制作产品介绍框架（封面、摘要、目录、内页、封底）		
	4. 制作产品介绍封面、摘要、目录（内容、版面、动画）		
	5. 制作产品介绍内页	模块 1（模块标题、SmartArt 结构图、表格）	
		模块 2（图文内容、版面布局、动画效果）	
		模块 3（图文内容、版面布局、动画效果）	
		模块 4（图文内容、版面布局、动画效果）	
		模块 5（图文内容、版面布局、动画效果）	
	6. 制作产品介绍的封底（图文内容、版面布局、动画效果）		
	7. 制作产品介绍导航超链接	制作目录超链接	
		制作"内页版式"导航超链接	
	8. 正确上传文件		
	9. 展示讲解产品介绍		

续表

评价模块	评价项目	自我体验、感受、反思		
可持续发展能力	自主探究学习、自我提高、掌握新技术	□很感兴趣	□比较困难	□不感兴趣
	独立思考、分析问题、解决问题	□很感兴趣	□比较困难	□不感兴趣
	应用已学知识与技能	□熟练应用	□查阅资料	□已经遗忘
	遇到困难，查阅资料学习，请教他人解决	□主动学习	□比较困难	□不感兴趣
	总结规律，应用规律	□很感兴趣	□比较困难	□不感兴趣
	自我评价，听取他人建议，勇于改错、修正	□很愿意	□比较困难	□不愿意
	将知识技能迁移到新情境解决新问题，有创新	□很感兴趣	□比较困难	□不感兴趣
社会能力	能指导、帮助同伴，愿意协作、互助	□很感兴趣	□比较困难	□不感兴趣
	愿意交流、展示、讲解、示范、分享	□很感兴趣	□比较困难	□不感兴趣
	敢于发表不同见解	□敢于发表	□比较困难	□不感兴趣
	工作态度，工作习惯，责任感	□好	□正在养成	□很少
成果与收获	实施与完成任务	□☺独立完成	□☺合作完成	□☹不能完成
	体验与探索	□☺收获很大	□☺比较困难	□☹不感兴趣
	疑难问题与建议			
	努力方向			

复习思考

1. 产品介绍应从哪些方面进行介绍？
2. 如何制作幻灯片母版？

拓展实训

公司简介是企业培训新员工、对外宣传、行业内交流的重要窗口，可以让新员工或客户或同行对公司的基本情况、产品、企业文化、发

展前景等有初步的了解和认知。公司简介代表企业形象，蕴含企业文化，影响深远。

收集某公司的相关资料，综合运用 PowerPoint 2010 所学知识和技能，制作《***公司简介》演示文稿。学习、体会公司简介的设计思路和制作方法。作品完成后，展示并讲解。

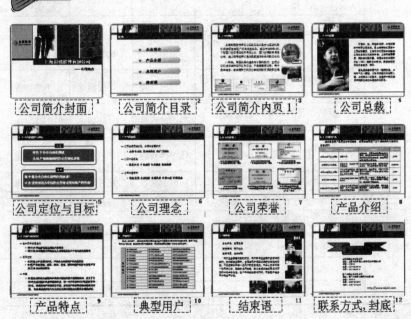

公司简介封面　1　　公司简介目录　2　　公司简介内页1　3　　公司总裁　4

公司定位与目标　5　　公司理念　6　　公司荣誉　7　　产品介绍　8

产品特点　9　　典型用户　10　　结束语　11　　联系方式，封底　12

任务 **6**

设计制作课程培训稿

知识目标

1. 课程培训稿的结构组成;
2. 制作、应用幻灯片母版的方法;
3. 制作幻灯片备注的方法;
4. 图、文、表混排的方法;
5. 设计版面布局、设计动画方案的方法;
6. 制作幻灯片讲义的方法;
7. 设置幻灯片"演示者视图"的方法。

能力目标

1. 能在 PowerPoint 中设计制作课程培训稿;
2. 能制作、应用幻灯片母版;
3. 能制作幻灯片备注;
4. 能对图、文、表进行混合排版;
5. 能设计版面布局、设计动画方案;
6. 能制作幻灯片讲义;
7. 能根据不同需求设置不同的放映类型。

学习重点

1. 制作、应用幻灯片母版的方法;
2. 图文表混排、设计版面布局、设计动画方案的方法;
3. 制作幻灯片讲义的方法;
4. 设置"演示者视图"的方法。

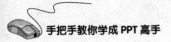

PowerPoint 2010 在教育教学领域的应用非常广泛，包括各种各样的培训和讲座。培训和讲座能提高和改善员工的知识、技能和态度，提高企业效益。在进行培训或讲座时，采用条理清晰、结构严谨、内容完整、版面精美、文字醒目的演示文稿形式，可以提高培训质量。

制作培训稿的方法很多，表现形式也很多，大多数培训和讲座都使用演示文稿形式的培训稿。演示文稿可以制作和放映文字、图片、图像、声音、动画、视频、数据表格、数据图表、结构图、流程图等多种形式的媒体元素，尤其是演示文稿中丰富的动画效果可以根据培训意图自由设置和修改，超链接的设置可以在演示文稿中跨越时间和空间的顺序，随意跳转，因此演示文稿形式的培训稿是多数培训者和讲座者的首选方式。

本任务以《职业人的商务礼仪》培训稿为例，应用 PowerPoint 2010 设计制作课程培训的演示文稿，学习培训稿的设计制作思路和设计制作 PowerPoint 幻灯片母版、备注、讲义的操作方法。

提出任务

背景介绍：为了使员工在各种商务活动和日常生活中，提高个人素质、维护个人和企业形象，建立良好的人际沟通、增进交往，公司将举办系列的礼仪培训，需要培训师制作《职业人的商务礼仪》课程培训的演示文稿，并进行讲解培训。

提出任务：收集"职业人的商务礼仪"的图、文、音、视资料，在 PowerPoint 2010 中设计、制作课程培训的演示稿和讲义。

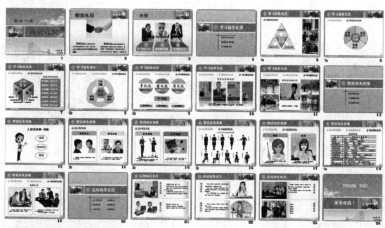

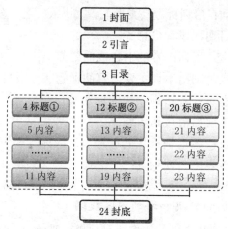

分析任务

1. 课程培训稿的结构组成

课程培训稿的框架结构如图 6-1 所示，包含以下部分：封面、引言、目录、标题页、内页、封底。其中标题页和内页包含三个培训模块，每个模块有多页培训的内页。

图 6-1 课程培训稿的框架结构

课程培训稿内容页的页数可以根据课程培训稿的模块数和各模块的培训内容数决定，本任务制作 20 页课程培训稿的内页（总计 24 页幻灯片）。课程培训演示文稿的组成部分如图 6-2 所示。

图 6-2　课程培训稿的结构及组成

各部分页面的内容如下。

培训稿封面：培训标题（主题）、主讲人姓名、公司名称（logo 图标）、培训日期、作者信息等；

培训稿引言：培训内容的引言或简要介绍；

培训稿目录：列出培训主要内容的标题（一级目录）；

培训稿标题页：各培训模块的标题及二级目录，起承上启下的过渡作用，便于前后衔接和转场；

培训稿内页：各培训模块的标题、二级标题和主要讲解内容、图片、结构图、表格、视频等；

培训稿封底：感谢语，结束语，主讲人姓名、日期、作者信息等。

2. 课程培训的模块和培训内容提纲

商务礼仪培训从以下几方面进行讲解，如表 6-1 所示。

表 6-1　商务礼仪培训的模块和内容

培训的模块	学习商务礼仪	塑造商务形象	应用商务礼仪	
培训内容提纲	1. 商务礼仪的作用	1. 设计商务形象	办公室礼仪	同事礼仪
	2. 商务礼仪的内涵	2. 训练商务仪态	电话礼仪	网络礼仪
	3. 学习商务礼仪	3. 学会商务交谈	会议礼仪	接待礼仪

3. 课程培训稿的版式特点及设计原则

课程培训稿的版式，采用了风格统一的幻灯片母版设计制作，针对特定的培训内容和特色，制作统一样式的幻灯片母版。

课程培训演示稿的目的是给学员展示、讲解培训内容，因此，在设计培训稿时，遵循以下原则：突出重点、提炼核心、主题明确、层次清晰；风格统一、版面美观、版式简洁大方；形象直观、图文一致；动画合理简单、恰到好处。在培训稿中，文字要尽量少，用图说话，多用图形、形状表达逻辑关系、内部联系和深刻的道理，用结构图诠释抽象的概念、原理，用协调的色彩、美观的版面、简洁的版式提高可视性，用形象直观的图片、生动的案例代替枯燥的文字说教，适当使用视频、录像、动画活跃现场气氛，给学员留下深刻印象，牢记培训内容，增强培训效果。

4. 课程培训稿的放映特点

课程培训稿需要边放映、边讲解，因此可以在培训稿的备注窗格录入对应的讲解内容，利用 PowerPoint 的分屏显示功能，在培训讲解展示时，在演示者计算机中显示放映画面和备注信息（演示者视图），作为提示和参考。观众在投影仪屏幕上只能看到幻灯片的全屏演示页，看不到备注内容。

以上分析的是课程培训稿的结构、组成部分、版式特点等，下面按工作过程学习具体的操作步骤和操作方法。

完成任务

准备工作：根据课程培训的模块和培训提纲、内容，收集、分类、整理并精选制作"职业人的商务礼仪"的文字稿、图片、视频、案例

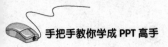

等资料，放在专门的文件夹中备用，根据培训内容制作课程培训稿。

启动 PowerPoint 2010，将新文件另存，命名。

一、制作课程培训稿的母版及框架

1. 设计制作培训稿的幻灯片母版

分析：由图 6-1 所示的课程培训稿的框架结构可知，"职业人的商务礼仪"培训稿的版式共有五页不同的版面背景（封面，目录，标题页，内页，封底），因此，幻灯片母版制作五页对应的版面背景和内容。

★ **步骤1** 单击"视图"选项卡的"幻灯片母版"按钮，进入"幻灯片母版"编辑状态，删除"幻灯片母版"中多余的版式，分别设置背景，制作如图 6-3 所示的培训稿的母版的各版式（封面，目录，标题页，内页，封底）。

★ **步骤2** 制作幻灯片母版中的"内页版式"，如图 6-4 所示。

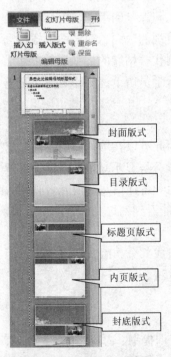

图 6-3　培训稿的母版版式　　　　图 6-4　"内页版式"及幻灯片编号位置

① 在页面右下角插入菱形，高 1.3 厘米、宽 1.5 厘米，浅绿色，向下偏移阴影，位置：（对齐幻灯片）右对齐、底端对齐。

② 在页面右下角插入"幻灯片编号"，宋体，18 号，加粗，蓝色。位置如图 6-4 所示。

★ **步骤 3** 单击"幻灯片母版"选项卡的"关闭母版视图"按钮，返回"幻灯片普通视图"状态，可以继续制作培训稿的框架及每页内容，完成后续的工作。

2. 制作培训稿的框架

分析：由图 6-1 所示的课程培训稿的框架结构可知，"职业人的商务礼仪"培训稿的框架共有六种不同的版式（封面，引言，目录，标题页，内页，封底），因此，制作六页版式的培训稿框架。

★ **步骤 4** 在"幻灯片普通视图"状态下，第 1 页幻灯片就是封面版式，因此，从第 2 页"引言"开始制作（引言与目录的版式一样）。

★ **步骤 5** 单击"开始"选项卡"新建幻灯片"按钮，分别选择需要的版式，组成"职业人的商务礼仪"培训稿的框架，如图 6-5 所示。

二、制作培训稿的封面、引言、目录

1. 设计制作培训稿的封面（幻灯片 1）

培训稿封面的内容：培训标题（主题）、主讲人姓名、公司名称（logo 图标）、培训日期、作者信息。

★ **步骤 6** 制作培训稿封面的文字内容，如图 6-6 所示。合理设置标题的动画。

① 艺术字标题"职业人的"格式：华文行楷，60 号，加粗，棕红色。

② 标题"商务礼仪"格式：华文中宋，80 号，加粗，紧密映像 8pt，棕红色。

③ 作者、日期：宋体 12 号，加粗。

各部分文字位置如图 6-6 所示。

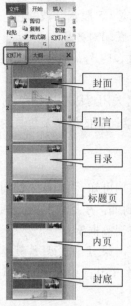

图 6-5　培训稿的框架　　　　　　　　图 6-6　培训稿的封面

2. 设计制作培训稿的引言（幻灯片 2）

培训稿引言的内容：培训内容的引言或简要介绍。

★ 步骤 7　制作培训稿引言页面的图、文内容，如图 6-7 所示。合理设置各部分内容的动画。

图 6-7　培训稿的引言

① 标题"商务礼仪"格式：微软雅黑，54 号，加粗，蓝色。

② 图片：高 8 厘米，对齐幻灯片，左右居中。

③ 引言文字内容格式：华文中宋，16 号，首行缩进 1.5 厘米，行距 1.5 倍。

"商务礼仪"微软雅黑，24 号，加粗，蓝色。"尊重""友好""行为准则""礼仪规范"微软雅黑，20 号，加粗。

各部分图、文位置如图 6-7 所示。

3. 设计制作培训稿的目录（幻灯片 3）

培训稿目录的内容：列出培训主要内容的标题（一级目录）。

★ **步骤** 8 制作培训稿目录页面的图、文内容，如图 6-8 所示。

图 6-8 培训稿的目录

① 目录标题"内容"格式：微软雅黑，48 号，加粗，蓝色。

② 图片：高 8 厘米，图片效果"预设 1"。

③ 目录编号：正圆形，高宽 1.6 厘米；线条为白色，4 磅；填充淡蓝色；"数字"宋体，36 号，加粗。

④ 目录名称文本框：微软雅黑，28 号，加粗，白色；填充淡蓝色。

⑤ 梯形：填充淡蓝色。

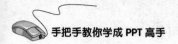

各部分图、文位置如图 6-8 所示。

放映，观看前 3 页幻灯片的整体效果、版面布局、动画效果，修改不合理的格式、布局、动画效果。保存文件。

三、制作培训稿的标题页和内页

1. 设计制作培训稿的模块 1——标题页 1（幻灯片 4）

培训稿标题页：各培训模块的标题及二级目录，起承上启下的过渡作用，便于前后衔接和转场。

★ **步骤 9** 制作标题页 1（幻灯片 4）的内容，如图 6-9 所示。

① 编号：正圆形，高宽 1.9 厘米；线条为白色，4 磅；填充淡蓝色；"数字"宋体，40 号，加粗。

② 模块标题"学习商务礼仪"：黑体，48 号，加粗，白色。

③ 直线：长 8.8 厘米，线型 2.25 磅，蓝色。垂直线：高 7 厘米，线型、颜色同"直线"。

④ 二级目录名称：黑体，22 号，黑色。

⑤ 圆形：高宽 0.5 厘米，黄色，右下斜阴影。

各部分图、文位置如图 6-9 所示。

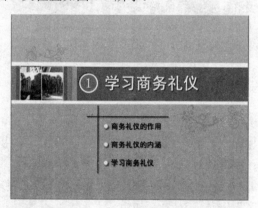

图 6-9　标题页 1（幻灯片 4）的内容及版面

2. 设计制作培训稿的模块 1——内页 1（幻灯片 5）

培训稿内页：各培训模块的标题、二级标题和主要讲解内容、图片、结构图、表格、视频等。

★ **步骤10** 制作内页1（幻灯片5）的内容，如图6-10所示。内页1包括模块标题"学习商务礼仪"、二级标题、"礼仪作用"的关系图、培训内容、图片。

① 编号：正圆形，高宽1.5厘米；线条为白色，4磅；填充淡蓝色；"数字"宋体，36号，加粗。

② 模块标题"学习商务礼仪"：黑体，40号，加粗，白色。

③ 二级标题"商务礼仪作用"：黑体，24号，加粗，蓝色。

④ 笑脸图：高1厘米。

⑤ 关系图中"礼仪作用"微软雅黑，32号，加粗，白色。"内强素质"微软雅黑，28号，加粗，橙色。关系图如图6-10所示。

⑥ 右侧图：宽7厘米，图片效果"预设1"。文字：宋体，14号，加粗，黄色。文字位置：跟图片右对齐、底对齐。

各部分图、文位置如图6-10所示。

图6-10　内页1（幻灯片5）的内容及版面

3. 制作内页1的备注内容

★ **步骤11** 制作内页1的备注内容。在内页1（幻灯片5）的备注窗格内，录入内页1的讲解内容，如图6-11所示，备注内容不用设置文字格式。

图 6-11　内页 1（幻灯片 5）的备注内容

备注内容在培训讲解展示时，利用 PowerPoint 的分屏显示功能，在演示者计算机中显示（演示者视图），作为提示和参考。观众看不到备注内容。

放映，观看幻灯片的整体效果、版面布局、动画效果，修改不合理的格式、布局、动画。保存文件。

4. 设计制作培训稿的模块 1——内页 2～7（幻灯片 6～11）及备注

★ **步骤 12**　制作幻灯片第 6 页、第 7 页的内容，如图 6-12 所示。各页包括模块标题"学习商务礼仪"、二级标题及"礼仪内涵"、"核心"的关系图、培训内容。

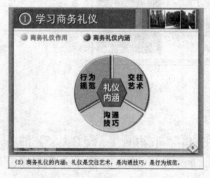

图 6-12　幻灯片第 6 页、第 7 页的内容、版面及备注内容

放映，观看幻灯片的整体效果、版面布局、动画效果，修改不合理的格式、布局、动画。保存文件。

★ **步骤** 13　制作幻灯片 8～11 各页的内容，如图 6-13 所示。各页包括模块标题"学习商务礼仪"、二级标题、"学习礼仪"的关系图、结构图、培训内容、图片、备注。

图 6-13　幻灯片 8～11 的内容及版面

放映，观看幻灯片的整体效果、版面布局、动画效果，修改不合理的格式、布局、动画。保存文件。

5. 设计制作培训稿的模块 2——幻灯片 12～19

★ **步骤** 14　制作幻灯片第 12～第 19 各页的内容，如图 6-14 所示。各页包括模块标题"塑造商务形象"、二级标题、培训内容、图片、表格、备注。

图 6-14　幻灯片 12～19 的内容及版面

放映，观看幻灯片的整体效果、版面布局、动画效果，修改不合理的格式、布局、动画。保存文件。

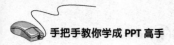

6. 设计制作培训稿的模块 3——幻灯片 20～23

★ **步骤 15** 制作幻灯片第 20～第 23 各页的内容，如图 6-15 所示。各页包括模块标题"应用商务礼仪"、二级标题、培训内容、图片、备注。

图 6-15 幻灯片 20～23 的内容及版面

放映，观看幻灯片的整体效果、版面布局、动画效果，修改不合理的格式、布局、动画。保存文件。

四、制作培训稿封底

★ **步骤 16** 制作培训稿封底内容，如图 6-16 所示。培训稿封底包括：感谢语，结束语，主讲人姓名、日期、作者信息等。

① 谢谢观看：微软雅黑，48 号，加粗，白色。

② THANK YOU：华文中宋，44 号，加粗，黄色。

③ 作者、日期：宋体 12 号，加粗。

各部分图、文位置如图 6-16 所示。放映，观看幻灯片的整体效果、版面布局、动画效果，修改不合理的格式、布局、动画。保存文件。

图 6-16 培训稿封底的内容及版面

五、制作培训稿的目录导航超链接

分析：培训稿的目录页超链接的结构如图 6-17 所示。在目录页能任意进入各培训模块，切换灵活，方便观看、自由选择观看。

★ **步骤 17** 按照图 6-17 所示的超链接结构，依次为目录页的每一个"目录名称"文本框（超链接载体），插入"超链接"，设置路径（本文档中的目标位置）。

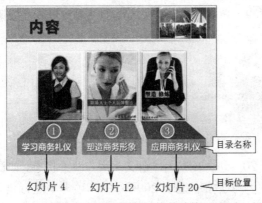

图 6-17　目录页超链接的结构

放映幻灯片，测试目录页的超链接，修改错误链接，保存文件。

★ **步骤 18** 同样的思路和方法，可以为每页标题页的二级目录设置二级导航超链接，如图 6-18 所示。放映，测试，修改，保存文件。

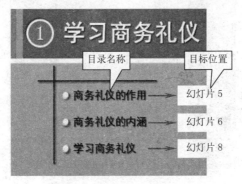

图 6-18　标题页二级目录的超链接结构

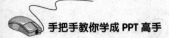

从头放映 📳，观看培训稿效果，调整、修改各页面内容的格式、版面布局、动画效果，直到满意为止。至此，课程培训稿全部制作完成，保存文件。

六、制作培训稿讲义

如果课程培训的演示稿需要打印，发给学员的话，就要制作幻灯片的讲义。

1. 设置幻灯片讲义母版

★ **步骤 19** 单击"视图"选项卡的"讲义母版"按钮，如图 6-19所示。

图 6-19 视图→讲义母版

★ **步骤 20** 进入幻灯片"讲义母版"设置状态，如图 6-20 所示。讲义母版的各项参数都在图 6-20 所示的选项卡中进行设置。

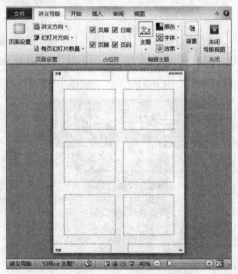

图 6-20 幻灯片的讲义母版

172

★ **步骤 21** 设置"页面"。单击"页面设置"按钮，打开"页面设置"对话框，如图 6-21 所示。

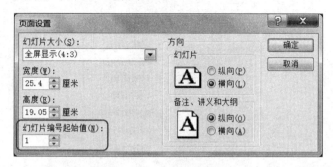

图 6-21 幻灯片的页面设置

在对话框中可以设置幻灯片大小、幻灯片方向、讲义方向，还可以设置"幻灯片编号起始值"，如图 6-21 所示。幻灯片编号起始值设置为"1"，则封面为第 1 页，目录为第 2 页，……依此类推。设置完成，单击"确定"按钮。

★ **步骤 22** 设置"讲义方向"。单击"讲义方向"按钮，设置讲义方向为"纵向"，如图 6-22 所示。

★ **步骤 23** 单击"幻灯片方向"按钮，设置幻灯片方向为"横向"如图 6-23 所示。

图 6-22 设置讲义方向

图 6-23 设置幻灯片方向

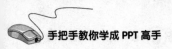

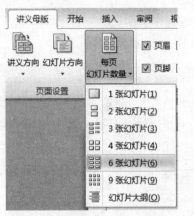

图 6-24　设置每页幻灯片数量

★ **步骤 24**　单击"每页幻灯片数量"按钮，设置幻灯片数量为
"6 张"，如图 6-24 所示。

★ **步骤 25**　设置讲义的页眉、日期、页脚、页码，如图 6-25 所
示，或根据需要设置相应的选项。

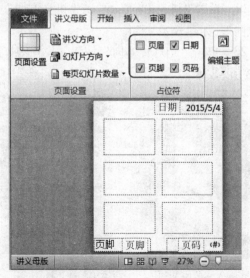

图 6-25　设置日期、页码等占位符

★ **步骤26** 设置完需要的讲义母版选项，单击"关闭母版视图"按钮，退出讲义母版状态。

2. 打印幻灯片

★ **步骤27** 单击"文件"→"打印"，在选项面板中设置"打印全部幻灯片"、"讲义（每页幻灯片的张数）"、"纸张方向"等选项，即可看到幻灯片的打印预览效果，如图 6-26 所示。

设置"打印份数"后，即可打印培训稿讲义，效果如图 6-26 所示。

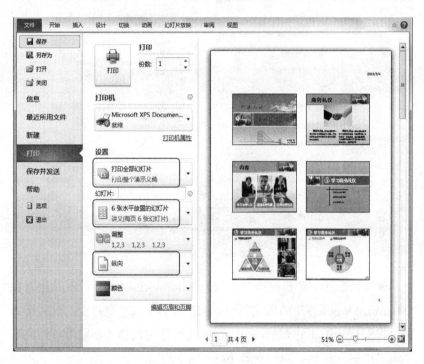

图 6-26　幻灯片的打印预览效果

★ **步骤28** 单击"开始"，可退出预览状态，返回到幻灯片编辑状态。

3. 创建培训稿讲义

将演示文稿创建为讲义，就是创建一个包含该演示文稿中的幻灯片和备注的 Word 文档，而且还可以使用 Word 来为文档设置格式以及布局，也可以添加其他内容。

★ **步骤 29** 单击"文件"→"保存并发送"，在选项面板中单击"创建讲义"选项，单击右边的"创建讲义"按钮，如图 6-27 所示。

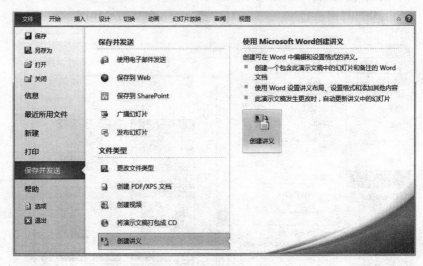

图 6-27　创建讲义

★ **步骤 30** 弹出一个"发送到 Microsoft Word"的对话框，在"Microsoft Word 使用的版式"区域中选择一项，如"空行在幻灯片旁"；在"将幻灯片添加到 Microsoft Word 文档"中选择"粘贴"项，然后单击"确定"按钮，如图 6-28 所示。

★ **步骤 31** 系统会自动启动 Word，等待几秒后，就出现了如图 6-29 所示的讲义文档。对生成的讲义文档进行修改，设置页边距、调整列宽、幻灯片大小、位置等格式，确保能看清楚幻灯片的内容，完成之后保存，即可打印成讲义。

图 6-28 选择 Word 版式

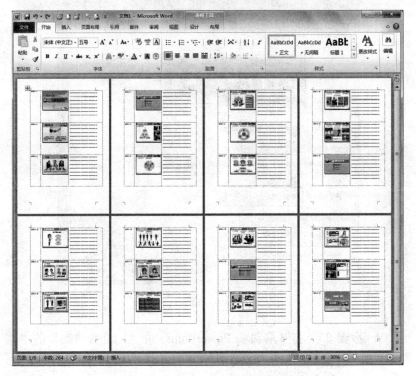

图 6-29 创建的讲义文档

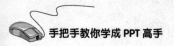

至此，培训稿的讲义制作完成。培训演示稿和培训讲义都制作完成后，连接投影仪，可以开始培训、展示、讲解了。

七、设置演示者视图

PowerPoint 在使用演示者视图放映幻灯片时，可以让演示者看到备注，而观众只看到播放页面，因此只需要把讲稿写在备注里，就不怕演示的过程中忘词了。设置演示者视图的方法如下。

★ **步骤 32** 连接投影仪，右击桌面，进入"屏幕分辨率"，投影仪连接成功后，会出现两个屏幕，单击"2"号屏幕，在"多显示器"中选择"扩展这些显示"，如图 6-30 所示，调节分辨率至适当，单击"确定"。

图 6-30　设置"屏幕分辨率"

★ **步骤 33** 打开培训稿 PowerPoint，在"幻灯片放映"的"监视器"组，选择"使用演示者视图"，选择"显示位置"为"显示器 2"，如图 6-31 所示。

图 6-31　设置"演示者视图"及幻灯片放映显示器

★ **步骤 34**　幻灯片放映后，演示者看到的显示效果如图 6-32 所示，包括当前放映的幻灯片、计时、备注、缩略图等；而观众看到的显示效果如图 6-33 所示。

图 6-32　"演示者视图"下演示者看到的播放画面

图 6-33　"演示者视图"下观众看到的播放画面

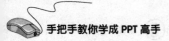

最后，只有经过反复演练和不断修改，才能做到激情演讲、展示自如、图文讲同步，讲演合一。"练习、练习、再练习"是培训、讲演成功的秘诀。

归纳总结

1. 制作"课程培训稿"的工作流程

① 研读文稿，分析设计需求；

② 提炼核心，整理重点，制作大纲，确定框架结构和逻辑关系；

③ 寻找相应素材，确定整体风格；

④ 设计制作母版（配色方案、版式设计），搭建框架；

⑤ 设计制作每页内容（图形化、形象化，用图形、图像表示信息、关系；加动画让内容呈现层次）；

⑥ 局部修饰，精细化加工，审查修改；

⑦ 制作幻灯片讲义。

2. 文字动画、图片动画的设计原则

文字是给观众传递信息的，因此文字动画要干净利落，呈现方式符合阅读习惯，让观众把注意力放在阅读文字上，而不是观看文字效果。推荐使用擦除、出现、淡出、缩放、浮入等简单自然的动画。比较复杂的动画如旋转、升起、飞旋、回旋，太过花哨的动画如玩具风车、弹跳、中心旋转，幅度较大的动画如飞入、曲线向上等都不适合文字动画。尽量不要让所有的文字都逐字出现，因为不仅复杂，而且观众的阅读速度不可能和文字的出现速度同步。

图形、图片是装饰元素，使用漂亮的动画能够提升图片的动画和美感。图片的动画设计原则与文字基本相同，要合情合理、简单、恰到好处。

评价反馈

作品完成后，填写表 6-2 所示的评价表。

表 6-2 "设计制作课程培训稿"评价表

评价模块	学习目标	评价项目			自评
专业能力	1. 管理 PowerPoint 文件：新建、另存、命名、打开、保存、关闭文件				
	2. 制作培训稿的幻灯片母版	封面、目录、标题页、内页、封底版式			
		色彩、风格、版面、版式			
		关闭幻灯片母版视图			
	3. 制作培训稿框架（封面、引言、目录、标题页、内页、封底）				
	4. 制作培训稿封面、引言、目录（内容、版面、动画）				
	5. 制作培训稿内页	模块 1（标题页、内页图文内容、结构图、版面布局、动画）			
		模块 2（标题页、内页图文内容、表格、版面布局、动画）			
		模块 3（标题页、内页图文内容、版面布局、动画）			
	6. 制作培训稿的封底（内容、版面布局、动画效果）				
	7. 制作培训稿导航超链接	制作目录超链接			
		制作标题页"二级目录"超链接			
	8. 制作幻灯片讲义（内容、版面、布局）				
	9. 正确上传文件				
	10. "演示者视图"放映，展示讲解培训稿				

评价模块	评价项目	自我体验、感受、反思		
可持续发展能力	自主探究学习、自我提高、掌握新技术	□很感兴趣	□比较困难	□不感兴趣
	独立思考、分析问题、解决问题	□很感兴趣	□比较困难	□不感兴趣
	应用已学知识与技能	□熟练应用	□查阅资料	□已经遗忘
	遇到困难，查阅资料学习，请教他人解决	□主动学习	□比较困难	□不感兴趣
	总结规律，应用规律	□很感兴趣	□比较困难	□不感兴趣
	自我评价，听取他人建议，勇于改错、修正	□很愿意	□比较困难	□不愿意
	将知识技能迁移到新情境解决新问题，有创新	□很感兴趣	□比较困难	□不感兴趣
社会能力	能指导、帮助同伴，愿意协作、互助	□很感兴趣	□比较困难	□不感兴趣
	愿意交流、展示、讲解、示范、分享	□很感兴趣	□比较困难	□不感兴趣
	敢于发表不同见解	□敢于发表	□比较困难	□不感兴趣
	工作态度，工作习惯，责任感	□好	□正在养成	□很少
成果与收获	实施与完成任务	□☺独立完成	□☺合作完成	□☹不能完成
	体验与探索	□☺收获很大	□☺比较困难	□☹不感兴趣
	疑难问题与建议			
	努力方向			

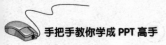

复习思考

1. 如何制作培训稿讲义？
2. 如何使用"演示者视图"放映幻灯片？

拓展实训

教学课件是运用信息技术及手段，放映与本课相关的教学资料，如图片、文字、音频、视频等，甚至展示一些电子书籍供学生观看，帮助学生更好地融入课堂氛围，吸引学生关注课堂教学知识，帮助增进学生对教学知识的理解，从而更好地实现学习目的辅助教学工具。教学课件要符合科学性、教学性、程序性、艺术性等方面的要求。

制作教学课件的软件有多种，呈现方式也很多，PowerPoint 是非常好用的多媒体制作软件，可以制作各种类型（演示型、交互型、网络型等）的教学课件，可以转换成多种类型的文件格式。

收集某课题的相关资料，综合运用 PowerPoint 2010 所学知识和技能，制作某课题的教学课件。学习、体会教学课件的设计思路和制作方法。作品完成后，展示并讲解。

样文 （节选）

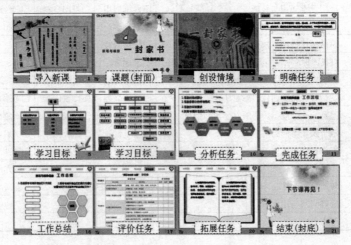

任务 7

设计制作总结汇报稿

 知识目标

1. 总结汇报稿的结构组成；

2. 制作、应用幻灯片母版的方法；

3. 图、文、表混排的方法；

4. 设计版面布局、设计动画方案的方法；

5. PPT 的设计原则和思维方式。

能力目标

1. 能在 PowerPoint 中设计制作总结汇报稿；

2. 能制作、应用幻灯片母版；

3. 能对图、文、表进行混合排版；

4. 能设计版面布局、设计动画方案；

5. 能应用 PPT 的设计原则和思维方式制作 PPT 作品。

学习重点

1. 制作、应用幻灯片母版的方法；

2. 图文表混排、设计版面布局、设计动画方案的方法。

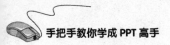

在各种会议、交流、汇报时，经常采用 PowerPoint 演示文稿的方式，将自己的思想、意图、做法、效果等自然流畅地讲解、汇报和展示，通过绘制各种结构图、关系图，清晰、直观地表达各种逻辑关系，简明易懂。制作总结汇报演示稿要逻辑清晰、言简意赅，多用图形表达思想和意图。

本任务以《教研工作汇报》为例，应用 PowerPoint 2010 制作总结汇报的演示文稿，学习汇报稿的设计制作思路，掌握设计制作 PowerPoint 幻灯片母版、各种关系图、结构图的操作方法。本任务是 PPT 任务的总结、提升篇，重点讲述 PPT 的设计原则、思维方式和制作技术。

特别申明，本任务和作品借鉴了大量优秀 PPT 的研究成果，参考了秋叶老师的丛书《说服力 工作型 PPT 该这样做》第 2 版，特别感谢布衣公子、秋叶等 PPT 大师，在此一并致谢！

背景介绍：学校要召开教学总结会，要求各学科的教研组长总结、汇报开学以来的教研及教学工作的进展、业绩、创新和效果，并进行成果展示。因此教研组长需要撰写"教研工作汇报"的文字报告，并制作汇报的演示文稿。

提出任务：根据"教研工作汇报"文字稿的内容，收集、整理需要的图、文、音、视资料，在 PowerPoint 2010 中设计、制作总结汇报的演示稿。

作品展示

（根据布衣公子作品和秋叶作品改编）（节选）

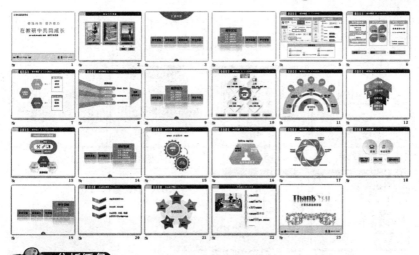

1. 总结汇报稿的结构组成

总结汇报稿的框架结构如图 7-1 所示，包含以下部分：封面、引言、目录、标题页、内页、结束页、封底。其中标题页和内页包含四个汇报模块，每个模块有多页汇报的内页。

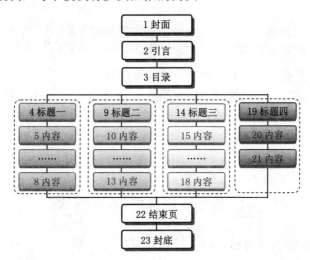

图 7-1 总结汇报稿的框架结构

内页的页数由汇报内容决定，本任务制作 18 页汇报的内页（总计 23 页幻灯片）。教研工作汇报稿的组成部分如图 7-2 所示。

| 汇报稿封面 | 引言 | 目录 | 标题页 |

| 内页 | 结束页 | 汇报稿封底 |

图 7-2　教研工作汇报稿的结构及组成

各部分页面的内容如下。

① 汇报稿封面：标题（汇报的主题）、副标题、汇报部门、汇报人姓名、日期等；

② 汇报稿引言：汇报内容的前言或简要介绍；

③ 汇报稿目录：列出汇报主要内容的模块标题（一级目录）；

④ 汇报稿标题页：各汇报模块的标题及二级目录，起承上启下的过渡作用，便于前后衔接和转场；

⑤ 汇报稿内页：各汇报模块的一级标题、二级标题和主要汇报内容、图片、结构图、表格、视频等；

⑥ 汇报稿结束页：对汇报进行总结，对未来工作进行设计规划、说明努力方向等；

⑦ 汇报稿封底：感谢语，结束语，汇报部门、汇报人姓名、日期等。

2. 总结汇报的模块和汇报内容提纲

教研工作汇报从以下几方面进行讲解，如表 7-1 所示。

表 7-1 教研工作汇报的模块和内容

汇报的模块	教学常规	教学能力	教师发展	学生考核
汇报内容提纲	1.1 课程平台	2.1 教学能力	3.1 指导青年教师	4.1 考核方式
	1.2 教学计划	2.2 教学实施	3.2 听课评课	4.2 考核效果
	1.3 教案设计	2.3 教学反思	3.3 说课比赛	
	1.4 课堂教学	2.4 教学科研	3.4 新教师研课	

3. 总结汇报稿的版式特点及设计原则

总结汇报稿的版式跟课程汇报稿的版式相似，采用了风格统一的幻灯片母版设计制作，针对特定的汇报内容和特色，制作统一样式的幻灯片母版。

总结汇报的目的是交流思想、分享做法、汇报效果……，汇报是为了更有效的沟通，因此，在设计制作总结汇报稿时，遵循以下原则：

- 结构化思考，图形化表达；
- 化文为图，用图说话；
- 逻辑清晰，一目了然。

4. 如何做出好的 PPT

好的 PPT 就是专业＋简洁＋清晰。

设计制作 PPT 最重要的是逻辑关系，最难的是如何将文字转化为有语境的图片或关系图。

怎样做出好的 PPT？秋叶老师建议：先提高美感，再提升逻辑。美感体现在设计能力；逻辑体现的是对世界的洞察力、对业务的把握力，这很难速成（选自《说服力 工作型 PPT 该这样做》第 2 版，秋叶，人民邮电出版社）。

以上分析的是总结汇报稿的结构、组成部分、版式特点等，下面按工作过程学习具体的操作步骤和操作方法。

完成任务

准备工作：启动 PowerPoint 2010，将新文件另存，命名。

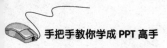

一、确定目标，分析需求

1. 仔细研读《教研工作汇报》的文字稿，分析汇报需求，确定 PPT 的目标

教研工作的总结汇报，围绕本教研组开学以来的主要工作、工作中的创新、如何开展的工作、各项工作的效果和不足、今后改进的措施几方面进行汇报。要让听众或观众对汇报内容感兴趣，对内容看清楚、听明白、能记住、有反馈，唯有内容吸引人，才能真正达到汇报的目的。

教研组的工作有学校的重大项目、核心工作，也有本教研组的特色工作和创新工作，按不同方式归类，提炼出好标题，找出亮点；不说废话，用数据说话。

2. 分析汇报的听众

一份好的 PPT 不在于提供多少信息，而在于听众能理解多少内容，因此要分析本次汇报的听众。根据听众喜欢的风格、沟通方式、理解形式和关注点来确定 PPT 的表现形式（图形？色彩？文字？数字？动画？）。

二、构思逻辑，确定结构

1. 用严谨的逻辑论证中心思想

将各项繁杂的教研工作内容进行梳理，归类，提炼核心，整理重点，制作汇报的大纲，如表 7-1 所示。二级标题下的每项工作，按照"如何开展→工作效果→实施目的→反思成功与不足"的思路汇报，重点说明特色和创新之处，以及创新的收获与成效。

根据汇报大纲，按照金字塔原理和方法，设计汇报的框架结构和逻辑关系，如图 7-1 所示。

2. 大脑偏爱结构，讲好故事，找对结构

建立符合常识思维的讲述结构（自上而下，层次清晰，重点突出）；让每个页面都有逻辑；用 PPT 打动观众：讲个好故事。

常用的讲述结构如下。

① SCQA 结构（情景→冲突→问题→回答）；

② PREP 结构（提出立场→阐释理由→列举实例→强调立场）；

③ AIDA（注意→兴趣→欲望→行动）；

④ FAB（卖点→优势→价值）。

三、组织材料，确定风格

风格没有最好，只有最适合。初做 PPT 的人，会把各种风格、模板、动画、图片、音效都放到自己的 PPT，弄成一个四不像的混搭。而高手的 PPT 中，没有复杂的模板、炫酷的动画、奇异的声音，但画面统一、构图清晰、思路流畅、结构完整，内容旁征博引，话题妙趣横生，让人印象深刻。

PPT 的风格不是根据自己的喜好，而是要依据听众的习惯来设计。风格包括配色、布局、样式、字体、细节、动画等。教研工作汇报稿的风格，如作品图所示，用案例说话，结构化表达，清晰易懂，简洁明了，图文并茂。

根据总结汇报的提纲和内容及汇报稿风格，收集、分类、整理并精选制作"计算机基础教研组的教研工作汇报"所需的图片、照片、视频、案例等资料和素材，放在专门的文件夹中备用，各种素材与汇报主题吻合。

四、设计母版，搭建框架

1. 设计制作汇报稿的幻灯片母版（布局设计、配色方案、版式设计，用更好的效果展示目标）

★ **步骤**1 根据图 7-1 所示的总结汇报稿的框架结构，制作"教研工作汇报"稿幻灯片母版的四页对应的版面内容（封面，目录，标题页，内页）。如图 7-3 所示。

2. 搭建汇报稿的框架

★ **步骤**2 关闭母版视图，返回"普通视图"状态，搭建汇报稿的框架，如图 7-4 所示。

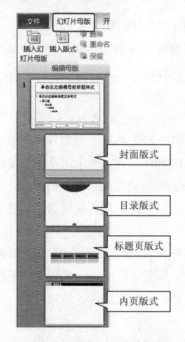

图 7-3 汇报稿的母版版式   图 7-4 汇报稿的框架

五、制作页面，系统排版（统一排版，美化页面，适当添加动画效果）

1. 制作汇报稿的封面、引言

（1）汇报稿封面的内容：标题（汇报的主题）、副标题、汇报部门、汇报人姓名、日期等。

封面设计包括两部分：版面布局的设计；封面文案的设计。封面的版面应干净、简洁、清晰、主题突出、一目了然。封面标题是演示的主题，要抓人眼球，制造兴奋点，带来冲击力；副标题提供描述性细节，排版要相对弱化，不能喧宾夺主。

★ 步骤 3 制作汇报稿封面的文字内容，如图 7-5 所示，合理设置标题的动画。

图 7-5　汇报稿的封面

（2）汇报稿引言页面的内容：汇报内容的前言或简要介绍，体现本次汇报的主要观点或思路。

引言页面设计跟封面设计一样，不但要追求版面的美观、干净，更要精炼文案的设计。文案的设计不仅是在封面，整个 PPT 都需要对文案精心提炼和设计。引言页面的插图要围绕主题、选用有语境的图片，且图文一致。

★ **步骤4**　制作汇报稿引言页面的图、文内容，如图 7-6 所示。合理设置各部分内容的动画。

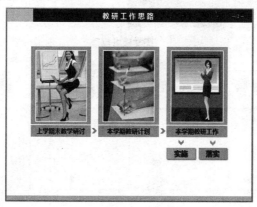

图 7-6　汇报稿的引言

2. 制作汇报稿的目录页、标题页

（1）制作汇报稿的目录页

① 目录页的内容：列出汇报内容的模块标题（一级目录）。

② 目录的线索：对汇报稿进行整体构思，找一条线索，把线索变成目录。常见的线索有时间线、空间线、因果关系线、结构线、行动线、工作过程线等，还有个性化的创意线。

③ 目录项的数量：目录就是 PPT 的大纲，目录中三至五个目录项比较适宜；超过七个，会让观众非常累，版面也很难设计。因此目录项太多时，需要简化、分类、合并。

④ 目录的文案：包括词性、结构、字数等应整齐、一致。

⑤ 目录的排版：可以是横排、垂直排、圆周排、图文排、混合排等,如图 7-7 所示。可以利用透视效果创造各种立体感和空间感。

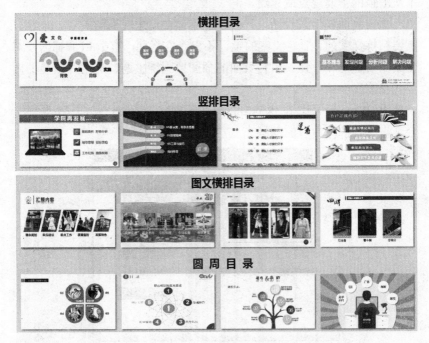

图 7-7　目录页的排版

★ **步骤**5 制作汇报稿目录页面的文字内容，如图 7-8 所示。

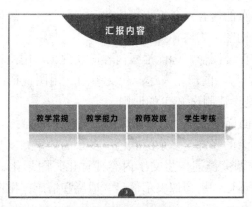

图 7-8 汇报稿的目录

（2）汇报稿标题页的内容：当前汇报模块的标题及二级目录。

标题页不是目录的重复，而是重点突出目录页的当前进程。标题页的版面和内容与目录页相似，体现已完成和当前汇报的进度，起承上启下的过渡作用，便于前后衔接和转场，给观众层次感和提示作用，让观众在各章节内容的转换中不至于迷失方向。

★ **步骤**6 制作汇报稿"标题一"页面的文字内容，如图 7-9 所示。

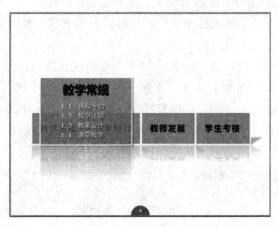

图 7-9 汇报稿的标题页

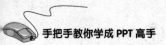

3. 制作汇报稿的内容页

汇报稿内页的内容：各汇报模块的一级标题、二级标题和汇报内容、图片、结构图、表格、视频等。

（1）大脑偏爱图形，因此汇报内容应视觉化，用图说话。

"结构化思考，图形化表达；化文为图，用图说话；逻辑清晰，一目了然"，是设计制作 PPT 的原则。

所以，页面标题要抢眼，页面尽量简单，少用文字；文字要简短，删除废话、多余的修饰、多余的颜色、多余的效果、复杂的背景，挖出关键词，强调关键词。将文字内容视觉化、图形化、形象化；将抽象的信息具体化；用图像表示信息、情境和情感；用图形表达逻辑关系。

教研组的工作内容、如何开展、实施的步骤、实施目的、工作效果等都不用文字陈列，全部转化为各种关系的图形，用图形说话，如图 7-10、图 7-12 所示；图形之间用位置、箭头、方向符、引导符串联，以及各图形进入的先后动画顺序，表示它们之间的逻辑关系，如图 7-10、图 7-12 所示。

（2）大脑偏爱简洁，因此 PPT 的版面设计应美观、简单、干净。

做不出好的 PPT 原因有很多，没有思路，没有逻辑；缺乏好的表达形式；缺乏基本的美感…… 怎样做出好的 PPT？秋叶老师建议：先提高美感，再提升逻辑。

美感体现在设计能力，多看 PPT 大师的优秀作品、丛书，多听、多学 PPT 大师的分析、讲解、案例…… 提高对 PPT 的认识和感悟。

我们都不是设计师，也没有接受过专业的平面设计训练，但只要掌握 PPT 版面设计的基本原则，并始终贯彻使用这些原则，也能做出漂亮的版面。提高美感，从使用原则开始。

提示　PPT 版面设计的基本原则：①对齐原则；②聚拢原则；③对比原则；④重复原则；⑤降噪原则；⑥留白原则。【对图、文、表都适用】

★ **步骤7** 使用排版原则，制作汇报稿"标题一"的各内页（幻灯片5~8）的图形、文字内容，如图7-10所示。

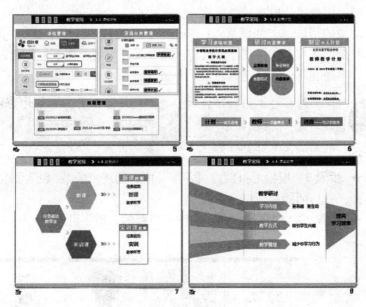

图7-10 汇报稿"标题一"的各内页

★ **步骤8** 每张内页都有对应的一级标题、二级标题，保证结构完整、层次清晰。因为标题是PPT页面转换的线索。如图7-11所示。

图7-11 汇报稿内页的标题区

在设计制作PPT时，还有很多原则，如字体使用原则（多用无衬线字体：微软雅黑……）、色彩搭配原则、图片使用原则（图片与主题吻合，颜色风格一致，对齐等细节，多用写实图片……）、表格排版原则、图表使用原则等，多看、多学、多模仿、多思考、多练……

制作 PPT 是一个创造美的过程，美在版式、美在颜色、美在形象、美在清晰……

（3）用动画让内容呈现层次

动画的用法：①强调重点；②引导关注的顺序（逐个显示）；③展示复杂的流程；④再现操作过程。动画设计原则：简单、合理、不拖沓、干净利落、符合视觉习惯，一致性。

提示　　频繁使用动画导致视觉疲劳；过分华丽的动画只会画蛇添足；"随机效果"就是放弃主动权；所有跳跃的、旋转的动画，都让 PPT 披上华而不实的外衣，慎用！

★ **步骤 9**　根据汇报稿内页各部分内容的逻辑关系，设置图文内容合理、合适的动画效果。

★ **步骤 10**　同样的方法，制作汇报稿的其他各页面，如图 7-12 所示。

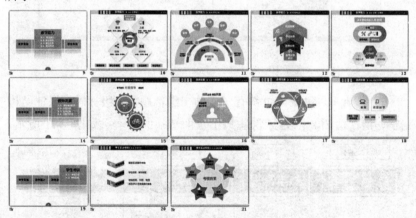

图 7-12　汇报稿的其他内页

4. 制作汇报稿的结束页和封底

好的结尾同样重要，对全文进行高度的浓缩和升华；全文中心的回顾和反思；后续行动的指导和思考。

（1）汇报稿结束页的内容：对汇报进行总结，对未来工作进行设计规划、说明努力方向等。

★ **步骤 11** 制作汇报稿结束页的图、文内容,如图 7-13 所示。合理设置各部分内容的动画。

图 7-13 汇报稿的结束页

(2)汇报稿封底:感谢语,结束语,汇报部门、汇报人姓名、日期等。

★ **步骤 12** 制作汇报稿封底的图、文内容,如图 7-14 所示。合理设置各部分内容的动画。

图 7-14 汇报稿的封底

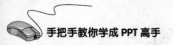

5. 制作汇报稿的导航超链接

（1）制作目录超链接

★ **步骤 13**　汇报稿的目录页超链接的结构如图 7-15 所示。依次为目录页的每一个"目录名称"文本框（超链接载体），插入"超链接"，设置路径（本文档中的目标位置）。

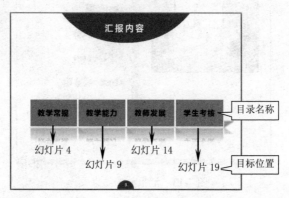

图 7-15　目录页超链接的结构

放映幻灯片，测试目录页的超链接，修改错误链接，保存文件。

（2）制作幻灯片母版中"标题页版式"的导航超链接

分析：幻灯片母版中"标题页版式"的超链接结构跟目录页的超链接结构相同。

★ **步骤 14**　单击"视图"选项卡的"幻灯片母版"按钮，进入"幻灯片母版"编辑状态，选择"标题页版式"，按照图 7-15 所示的超链接结构，依次为每一个"一级标题"文本框（超链接载体），插入"超链接"，设置路径（本文档中的目标位置）。

（3）制作幻灯片母版中"内页版式"的导航条超链接

★ **步骤 15**　同样的方法，制作幻灯片母版中"内页版式"导航条的超链接，如图 7-16 所示。

关闭母版视图，返回"幻灯片普通视图"状态，放映幻灯片，测试所有页面的超链接，修改错误链接，保存文件。

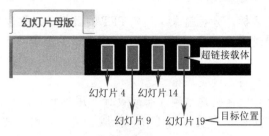

图 7-16 "内页版式"超链接的结构

六、持续优化，精细加工

作品完成，需要反复检查修改，对作品负责、对自己负责。没有经过检查的作品，就不是严肃的作品。

从头放映，观看汇报稿，逐页检查：错别字、版面布局、页面的边距、各部分图文的位置、对齐、比例、大小、色彩、段落间距、行距、标题的位置、图文间距等细节，还要检查动画是否多余、链接是否准确，表达是否清晰，图片的意境、图形的意图是否准确，音视频衔接、播放是否顺畅等，进行精细调整、修改局部和细节，直到合理、合适、满意为止。再请人复查。至此，汇报稿全部制作完成，保存文件。

七、展示讲解，演讲汇报

为每张幻灯片配上表达精准、简练的汇报讲解词，按照"任务1 设计制作电子相册"展示讲解的注意事项，准备和演练；用排练计时的方式测试汇报时长，调整细节和动画选项，控制时间。

PPT 展示及汇报讲解需考虑听众的感受，汇报词内在的逻辑关系要清晰、有层次，能准确阐述各项工作的实施方法、步骤、意图、效果等。

只有经过反复演练和不断修改，才能做到激情演讲、展示自如、图文讲同步，讲演合一。PPT 永远不是演讲的主角，自己才是！

归纳总结

1. 制作"总结汇报稿"的工作流程

① 确定目标，分析需求（明确 PPT 的目标、对象和展示方式）；

② 构思逻辑，确定结构（用严谨的逻辑论证中心思想，金字塔方法）；

③ 组织材料，确定风格；

④ 设计母版，搭建框架（布局设计，用更好的效果展示目标）；

⑤ 制作页面，系统排版（统一排版，美化页面，适当添加动画效果）；

⑥ 持续优化，精细加工（自播检查错字和动画，请人复查）；

⑦ 展示讲解，演讲汇报。

2. PPT 版面设计的基本原则

① 对齐原则：段落间距对齐，图文排版对齐，表格正文对齐，页面标题对齐（借助参考线）。

页面内所有元素要对齐，不同页面之间的元素也要对齐。

② 聚拢原则：相关内容汇聚，无关内容分离，段落层次区隔，图片文字协调。

③ 对比原则：突出重点，更改字号，变换颜色。

④ 重复原则：一致的模板，一致的排版，一致的字体，一致的配色。

⑤ 降噪原则：删除多余的背景，删除多余的文字，删除多余的颜色，删除多余的特效。

⑥ 留白原则：让视野可以聚焦，让大脑可以思考，让眼睛可以休息。

（选自《说服力 工作型 PPT 该这样做》第 2 版，秋叶，人民邮电出版社）

3. PPT 颜色搭配的基本原则

要悦目，不要堆积色彩，要符合观众的视觉习惯：

① 用邻近色表达风格，用对比色体现重点，用互补色分出主次；

② 色系不要超过三种；

③ 根据室内光线选择背景色和文字色；

④ 避免过于接近的颜色；

⑤ 避免过于刺眼的颜色。

评价反馈

作品完成后，填写表 7-2 所示的评价表。

表 7-2 "设计制作总结汇报稿"评价表

评价模块	学习目标	评价项目	自评
专业能力	1. 管理 PowerPoint 文件：新建、另存、命名、打开、保存、关闭文件		
	2. 制作汇报稿的幻灯片母版	封面、目录、标题页、内页版式	
		色彩、风格、版面、版式	
	3. 制作汇报稿框架（封面、引言、目录、标题页、内页、封底）		
	4. 制作汇报稿封面、引言、目录（内容、版面、动画）		
	5. 制作汇报稿内页	标题页：图文内容、版面布局、动画	
		内页：图文内容、关系图、版面布局、动画	
	6. 制作汇报稿的结束页、封底（内容、版面布局、动画效果）		
	7. 制作汇报稿导航超链接	制作目录超链接	
		制作母版的标题页超链接	
		制作母版的内页导航条超链接	
	8. 正确上传文件		
	9. 展示讲解汇报		

评价模块	评价项目	自我体验、感受、反思		
可持续发展能力	自主探究学习、自我提高、掌握新技术	□很感兴趣	□比较困难	□不感兴趣
	独立思考、分析问题、解决问题	□很感兴趣	□比较困难	□不感兴趣
	应用已学知识与技能	□熟练应用	□查阅资料	□已经遗忘
	遇到困难，查阅资料学习，请教他人解决	□主动学习	□比较困难	□不感兴趣
	总结规律，应用规律	□很感兴趣	□比较困难	□不感兴趣
	自我评价，听取他人建议，勇于改错、修正	□很愿意	□比较困难	□不愿意
	将知识技能迁移到新情境解决新问题，有创新	□很感兴趣	□比较困难	□不感兴趣
社会能力	能指导、帮助同伴，愿意协作、互助	□很感兴趣	□比较困难	□不感兴趣
	愿意交流、展示、讲解、示范、分享	□很感兴趣	□比较困难	□不感兴趣
	敢于发表不同见解	□敢于发表	□比较困难	□不感兴趣
	工作态度，工作习惯，责任感	□好	□正在养成	□很少
成果与收获	实施与完成任务	□☺独立完成	□☺合作完成	□☹不能完成
	体验与探索	□☺收获很大	□☺比较困难	□☹不感兴趣
	疑难问题与建议			
	努力方向			

1. 制作总结汇报演示文稿时，如何测试汇报的时间？
2. 制作总结汇报演示文稿时，应注意什么？

1. 根据某总结汇报的文稿内容，收集需要的相关资料，综合运用 PowerPoint 2010 所学知识和技能，制作总结汇报的演示稿。学习、体会总结汇报演示稿的设计思路和制作方法，学会用图形表达思想和意图的方法。作品完成后，展示并讲解。

样文1 （节选）

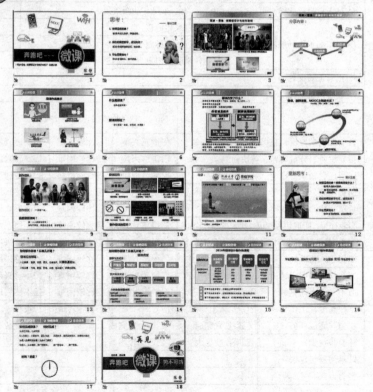

202

2. 说课也是汇报的一种形式。以"说"的方式，向领导、评委、专家或同事，讲解、汇报和展示课堂教学的设计理念、意图、做法、效果等。运用所学知识和技能，制作《绘制图标》说课稿。

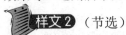 样文 2 （节选）

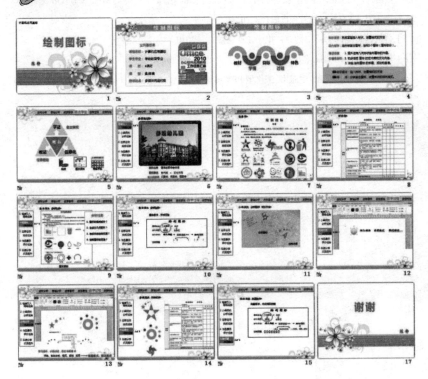

参 考 文 献

[1] 黄国兴，周南岳总主编，马开颜主编. 计算机应用基础综合实训（职业模块）（Windows7+ Office2010）. 第3版. 北京：高等教育出版社，2014.

[2] 黄国兴，周南岳总主编，张巍主编. 计算机应用基础（含职业模块）（Windows7+Office2010）. 第3版. 北京：高等教育出版社，2014.

[3] 陈魁编著. PPT演义. 北京：电子工业出版社，2010.

[4] 陈魁编著. PPT动画传奇. 北京：电子工业出版社，2012.

[5] 秋叶，卓弈刘俊著. 说服力 工作型PPT该这样做. 第2版. 北京：人民邮电出版社，2014.

反侵权盗版声明

化学工业出版社依法对本作品享有独家出版权。未经版权所有人和化学工业出版社书面许可，任何组织机构、个人不得以任何形式擅自复制、改编或通过信息网络传播本书全部或部分内容。凡有侵权行为，必须承担法律责任。

为了维护市场秩序，保护权利人的合法权益，我社将依法查处和打击侵权盗版的单位和个人。敬请广大读者积极举报侵权盗版行为，对经查实的侵权案件给予举报人奖励。

侵权举报电话：010-64519385
传真：010-64519392
通信地址：北京东城区青年湖南街 13 号化学工业出版社法律事务部
邮编：100011